阅读成就思想……

Read to Achieve

Visual CBT:
Using Pictures to Help You Apply Cognitive Behaviour
Therapy to Change Your Life

幸福就在转念间

CBT情绪控制术(图解版)

[英] 阿维·约瑟夫(Avy Joseph)&玛吉·查普曼(Maggie Chapman)◎著　陈艳◎译

中国人民大学出版社
·北京·

目 录
VISUAL CBT

前言
为什么你有情绪责任

我们开设了关于认知行为疗法（Cognitive Behavior Therapy，CBT）的各种培训课程，开设有为期一天的研修班，也有长期的课程。我们还经营着一个私人诊所，为那些患有焦虑症、抑郁症、身心失调症（如结肠激惹综合征），以及遇到情感问题或受到心理创伤的人提供诊疗。我们的学生和客户都学会了如何去切实感受不同类型的情绪，培养对不同情绪的认识，以及如何有效地改善这些情绪，在生活中提升自己的幸福感。

情绪有时候会捉弄我们，特别是在多种情绪同时出现时。我们很难了解这些情绪的本质是什么。

本书旨在通过视觉的方法让你学会使用认知行为治疗来了解自己的情绪。当你体验到不同的情绪时，图画能够将你的信念、计划及真实的行为清晰地呈现出来，相信借助于认知行为治疗来改变生活的人定会从中受益。

本书的目标是利用视觉技巧帮助你：

- 了解不同类型的情绪，如抑郁、悲伤、焦虑、担忧、愤怒、恼怒、愧疚、懊悔、痛苦、失望、羞耻、遗憾、嫉妒、妒忌与羡慕。
- 区分健康的和不健康的消极情绪。
- 找到情绪的本质。
- 有效地改变情绪，直奔生活的新阶段。

在踏上治疗旅程之前，有一点必须牢记在心：你负有情绪责任——你要对你的情绪和行为负主要责任。

几乎所有情绪或行为改变的关键均在于情绪责任。你深信不疑的信念和看法在很大程度上会影响你的情绪和反应。有些信念在你心中已经根深蒂固，但由于你没有重新审视它是否正确，因此它可能已不再真实可靠，甚至对你有百害而无一利。

负"主要"责任的意思并不是说有时你的行为是由其他的人、情境或事件而引起，而是说像双相抑郁这样的情绪起初是由器质性的紊乱引起的。只有理解情绪责任，才能改变情绪。

情绪责任的原理可能让人很难接受，特别是当你正处于瓶颈期、霉运当头，对他人、事故、疾病和其他生活中的挑战很容易产生愤怒、悲伤、抑郁或痛苦的情绪时。我们发现，人们在面对同样的困难时，会产生不同的情绪。这样看来，并非某件事或者某个人让你产生了某种情绪。

如果说是事情导致了情绪，那么经历同一件事的人就会产生同样的感觉，但事实并非如此。情绪的关键在于你的信念。

你对某件事、某个人的看法完全取决于你自己。随之带来的情绪和行为通常也取决于你自己。你可能不愿意承认这一点，但事实确实如此。

什么是认知行为疗法

阿尔伯特·艾利斯（Albert Ellis）和艾伦·贝克（Aaron Beck）最先开始研究认知行为疗法，并一致认为大多数情绪问题源自错误的信念，纠正错误的信念是治疗之本。这两种方法都聚焦在现存的问题和信念上，推崇行为练习，这与过去的心理疗法大相径庭。

这两大学派都有丰富的理论依据，理论框架完整，且治疗过程有条有理。如果你对认知行为疗法的两大学派已有足够的了解，可以自行选择更适合你的那一派。本书后几章将会介绍艾利斯和贝克的研究模式。

这两位了不起的心理学家在推广和应用心理健康方面做出了卓越的贡献。在大多情况下，我们的学员和客户更容易理解艾利斯的理论，更容易对其产生共鸣，所以我们更倾向于选择他的模式。当然，本书也吸纳了贝克模式的精华。

"使人们困惑的不是事件本身，而是看待事件的方式。"

希腊哲学家埃皮克特托斯（Epictetus）的这句名言正是艾利斯模式的核心。艾利斯理论的意义在于以下几方面。

- 帮助人们弄清楚他们的情绪、行为和目标。
- 找到人们情绪问题的根源和阻碍他们达到目标的不健康信念。
- 阻止消极情绪，通过不懈的和有建设性的行动逐渐改变不健康信念。
- 将这种改变推及至生活的方方面面。

图 0—1 的 ABC 模型清晰地呈现出了艾利斯的模式。你对事件的看法是情绪的关键所在，而非事件本身。你的情绪、想法和行为可以是健康的、有益的，也可以是不健康的、有害的。一件事可以是过去的，也可能是现在或将来的；它既可以是真实的、内部的，也可以是想象的、外部的。内部事件可以是想法、想象、记忆、生理感觉和情绪。

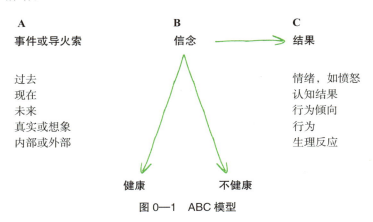

图 0—1 ABC 模型

A 代表事件，B 是你的健康或不健康信念，C 是随之而来的结果：

- 认知（想法与假设）
- 行为倾向（你想做什么）
- 行为（你实际做什么）
- 情绪（焦虑、担心、抑郁等）
- 生理反应（脸红、心跳加速等）

认知行为治疗关注问题本身，以解决问题为实践准则，通过将不健康的信念扭转为健康的信念，使人们在生活中能长期保持健康的状态。在这一过程中，需要具备耐心和毅力，并付出大量精力，即你要克服一开始的不适，遵循健康的信念来思考、行动。改变情绪的确劳心费力，只有在信念和行动皆改变之后，才能初见成效。单靠理解并不会让情绪发生改变。正如你读一本关于如何驾驶的书，即使读懂了，你也不能立即变成合格的驾驶员，还要运用你所理解的驾驶知识，坐进车里实际练习。刚开始你可能会不习惯，觉得是个很大的挑战，甚至会犯错，但是只要你有决心、有恒心，一切就会好起来的。

不健康信念

不健康信念的本质是，会间接、直接或生硬地表达一种强制命令：必须、应该、不得不、不能，如"我绝不接受拒绝"。不健康的要求都没有考虑到现实情况。

苛刻的要求衍生了以下三种不健康的信念。

1. 恐怖化信念（Awfulising），错误地估计了糟糕程度，认为负面事件就是"史上最糟的情况"，不能再糟糕了。

　　例如，"如果我遭人拒绝了，那简直糟糕透了。""如果我遭人拒绝了，那简直是世界末日，所以我绝对不能被人拒绝。"

2. 低挫折容忍度（Low Frustration Tolerance，LFT），认为自己无力承受挫折或困难。我们在面对挫折和困难的时候，并不会枯竭甚至死掉。

> 例如，"我不能容忍遭人拒绝。""我不能容忍这一切。""我不能容忍拒绝，所以我绝对不能被人拒绝。"

3. 一味指责自己或他人（Total Damning of Self or Other），片面消极地评价自己、他人和周遭的一切事物。

> 例如，"如果我遭人拒绝，那么只能说明我是个没用的人，没有人爱我，所以我绝对不能被人拒绝。"

这些信念是不健康的，因为它们干扰了人们的正常思考，制造了消极情绪，使人焦虑、抑郁。这些情绪脱离实际，没有任何意义，反而会阻止你实现目标。

三个"必须"

阿尔伯特·艾利斯发现，不健康的信念几乎是所有情绪问题的核心，主要分为三类，其中每一个信念都是苛求。

1. 我必须表现得出类拔萃，必须赢得他人的赞赏，否则就糟糕透了。我不能忍受这样的结果，我不能觉得自己不够好，或者总是什么都做不好。这些会引发不同类型的消极情绪，如焦虑、抑郁、嫉妒、痛苦、妒忌、愧疚、羞辱、尴尬和气愤。
2. 别人必须对我很好，必须在意我的感受，围着我转，否则他们就太坏、太讨厌了，让人难以忍受。这些会产生多种消极情绪，如气愤、暴怒、嫉妒、焦虑、抑郁和痛苦。
3. 生活必须很轻松，不能有麻烦和不便，否则就埋怨自己没过过一天好日子。这些会造成一些消极情绪，如焦虑、气愤、抑郁，以及多种消极行为，如逃避、拖延、瘾嗜、退缩等。

这三种不健康信念是三棵树的根基，每棵树都有枝枝蔓蔓，代表了不同的具体问题。你会发现，几乎所有人的问题都源自这三种不健康信念。

健康信念

健康信念通常是偏好信念，以需求和欲望的形式表现出来。它们现实可行，能够帮助你实现目标。健康信念通常与喜好无关，它会让你全盘接纳过去、现在和未来。

偏好信念常以下列方式表现出来：

A. 说出需求；

B. 否定强制要求。

例如，"我不希望被拒绝，但不代表我不能被拒绝。"健康信念会产生健康的消极情绪，如担心和悲伤，而不是由不健康信念引起的焦虑和抑郁。

偏好信念衍生了以下三种健康信念。

1. 反恐怖化信念（Anti-awfulising），一件事情糟糕的程度是 0~99.9%，不可能再糟糕，不如安慰自己，幸好没有发生更糟糕的事。

   例如，"如果我被人拒绝了，肯定会不太好受，但毕竟不是世界末日。"

2. 高挫折容忍度（High Frustration Tolerance，HFT），客观评估自己容忍挫折或应对困境的能力。

   例如，"如果我被人拒绝了，尽管我会难过，但是我可以忍受。"

3. 无条件接纳自我或他人 (Unconditional Acceptance of Self or Others)，无条件接受自我、他人或世界的缺陷或不完美。例如，你并不因为别人的赞许或对你的情感而接纳自我。你通过自己的作为来评价自己，而非你这个人或你的工作（复杂的人）。

   例如，"我不喜欢被人拒绝，但是我无条件接受自己；我并不完美，偶尔会被人拒绝是正常的。"

不健康信念（要求、恐怖化信念、低挫折容忍度、一味指责）表现苛刻、脱离现实、缺乏逻辑，会危害人们的心理健康。

健康信念（偏好、反恐怖化信念、高挫折容忍度、无条件接受）表现得灵活、符合实际，有益于人们的心理健康。

二者的关系可以通过图 0—2 来说明。

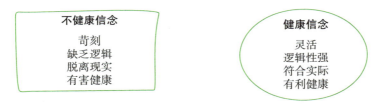

图 0—2　不健康信念 VS. 健康信念

消极情绪

不健康的消极情绪 VS. 健康的消极情绪

当我们处于 B 阶段时，信念不健康，因此情绪会受到干扰，而如果信念健康，我们可能就只会感到沮丧，但不会自我困扰。消极情绪是否健康，取决于你看问题的角度。如图 0—3 所示。

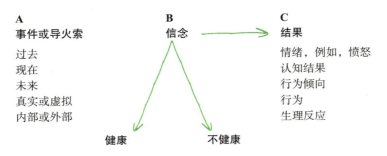

图 0—3　不健康的消极情绪 VS. 健康的消极情绪

例如

A = 火车晚点

你认为

B = "火车必须准点；我不能忍受火车晚点。"

结果是，你会

C = 愤怒（不健康的消极情绪）

如果换个角度

B = "火车准点自然更好，但是晚点了，我会沮丧，不过可以忍受。"

你会

C = 恼怒（健康的消极情绪）

健康的消极情绪转瞬即逝，因为产生这种情绪的内在信念是理性的，而不健康消极情绪并非如此，这就是我们要改变内在信念的原因。只有改变内在信念，才能将你从情绪的泥沼中解救出来。

图 0—4 左边列出了在 8 种情况下，对应的不健康消极情绪与健康的消极情绪。

信念	不健康的消极情绪	健康的消极情绪
● 威胁/风险	● 焦虑	● 担忧
● 损失/失败	● 抑郁	● 悲伤
● 遭到无礼对待	● 伤心	● 痛苦/失望
● 打破规则	● 愤怒	● 恼怒
● 破坏感情	● 嫉妒	● 关心感情
● 负面形象	● 羞愧/尴尬	● 懊悔
● 违背道德	● 罪恶感	● 内疚
● 他人拥有你想要的东西	● 妒忌	● 羡慕

图 0—4　信念与对应的不健康消极情绪和健康消极情绪

混合情绪

出现问题时，你通常会产生多种情绪。例如，当遭到拒绝时，你可能会同时感到伤心、焦虑和愤怒。当遭到拒绝时，你可能会觉得很受伤，再度被拒绝时可能会焦虑，当你被以某种特殊的方式拒绝时，你可能会觉得很愤怒。这些情绪都是由一种明显的不健康信念引发的。

元情绪

一个问题会进一步带来其他问题。一个问题导致的消极情绪会接连引发更多的消极情绪。例如，当你心情抑郁时，如果你同时也感到焦虑，那么抑郁就是元情绪。

认知结果、行为倾向和行为

无论是出现不健康消极情绪还是健康的消极情绪时，我们都会：

a. 思考容易受当时的情绪状态影响（认知结果）

b. 行为受当时的情绪状态影响（行为倾向）

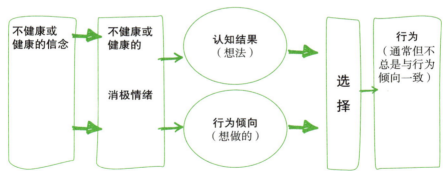

认知结果、行为倾向、行为

图 0—5　认知结果、行为倾向和行为

如图 0—5、图 0—6 和图 0—7 所示，不健康的信念引发了不健康的消极情绪，由此导致的认知结果太过于负面，有害无益。健康的信念带来健康的消极情绪，其认知结果积极正面，有益于身心健康。

信念不仅会影响思维方式，还会影响行为（行为倾向）。如果信念不健康，你的行为倾向就会对自己不利。如果信念正确，行为倾向将会对你有所帮助。

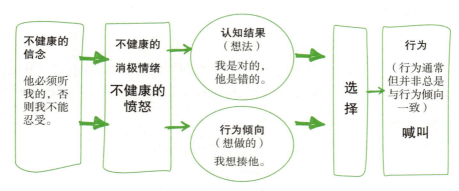

图 0—6　不健康的信念及其后果

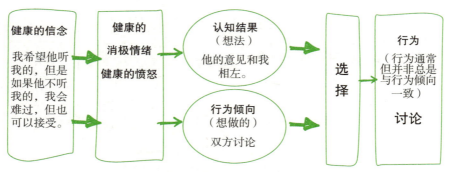

图 0—7　健康的信念及其结果

你可以选择是否按照倾向行事。你在某种情况下，可能会有特定的举动，但这并不意味着你将永远都会这么做。你会选择正确的行为，而不是错误的行为。要克服情绪问题，就要正确地思考问题，遵从正确的行为倾向。

我们已经讨论了基本的情绪责任，接下来将详细地指导你如何使用这本书，如何更好地了解自己的情绪状态，以及如何采取有效的行动。

引言

改变消极情绪的法宝

本书用途广泛，你可以通过它来了解在认知行为治疗中如何区分情绪状态，也可以将其应用于个人心理发展、研究和治疗工作中。接下来的 8 章中，我们将分别介绍 8 种不健康的情绪及其对应的健康情绪，并在本书的结语中简略介绍认知行为治疗的两种主要学派。

每一章都将介绍一对情绪，并列出激发情绪的导火索。文中将不健康的和健康的认知结果（你如何思考）及行为倾向（你想要做什么）以插图形式表现出来，进行对比，帮助你辨别不同的情绪，之后引导你改变情绪。

看完 8 种情绪的插图和图解后，你将能够察觉出自己的情绪状态，并识别出哪一种是健康的情绪，哪一种是不健康的情绪。

如果你想改变情绪状态，有以下两种方法：

1. 普通改变。
2. 改变思维方式。

普通改变通过让你深入了解不健康的消极情绪、健康的消极情绪及其认知结果和行为倾向，帮助你找到调整信念和行为的方法。普通改变不会触及引发认知结果和行为倾向的内在信念系统。如果你想改变导致这种结果的信念，建议选择改变思维方式。

思维方式的改变更为直接，让你可以专注于学习辨别不健康的信念。它教你如何识别该信念对你产生的不好影响，找到对应的健康信念。探讨是帮助你明辨自己的信念是否现实、是否有意义以及是否有益的方法，也是思维方式改变中的重要技巧。

探讨可以帮助你找到解决问题的健康途径。从下文的例子中，你可以了解甄别时需要提出的问题。思维方式的改变让你依照信念思考、行事，最终解决问题。

普通改变有助于管理情绪和症状，而思维方式的改变则能让你直面最令人困扰的问题，找到健康、理性的解决方法，长期受益。一旦你学会了一种思维方式，就可以将其应用到生活的方方面面。以下两个例子能帮助你看到普通改变与思维方式改变的区别。

例 1：处理拒绝

普通改变：你知道你可能不会遭到拒绝。你会将注意力集中在被拒绝的可能性上，并估算现实中你是否会被拒绝。

思维方式的改变：你知道你可能会遭到拒绝。思维方式的改变帮助你找到遭人拒绝时你心中产生的不健康信念，让你能够面对拒绝，而不是想方设法估算被拒绝的可能性。

例 2：面对飞机失事的焦虑

普通改变：你知道飞机很安全，失事概率很低，能够安全着陆。不过，你对安全抵达目的地信心并不大。

思维方式的改变：你清楚飞机存在风险，能够接受和正确地看待不利事件和不确定性。

如果你选择了普通改变，但是又发现自己会思考"确实如此，但是……"那么你应该选择思维方式的改变。

我们之所以倾向于选择思维方式的改变，是因为它首先集中解决的是最让人困扰的问题。

普通改变五步曲

第一步： 识别你最严重的情绪问题。

第二步： 识别那些由你的不健康的消极情绪引发的认知结果和行为倾向。按插图的形式用自己的语言将其写下来。

第三步： 找到健康的消极情绪带来的认知结果和行为倾向。

第四步： 遵照健康消极情绪的认知结果和行为倾向的方式思考和处理事情。

第五步： 敦促自己反复练习，直到将新的思考和行为方式变成本能。

普通改变的例子：演讲焦虑症

1. 你发现自己一到要做演讲时，就开始焦虑。
2. 焦虑的一个认知结果是"你会越想越消极"，你可能会写下"这次演讲肯定不会成功，我要失业了"。焦虑的一个行为倾向是"你需要安慰"，你可能会写下"我要让我的同事不停地告诉我，一切将会进展得很顺利"。
3. 现在，来看一下担心这种健康的消极情绪带来的认知结果和行为倾向。担心的认知结果是"你不会越想越消极"，而是写下"我希望一切都很顺利，尽管可能会有失误，但我也不会因此失业"。担心的行为倾向是"妥善地处理恐惧"，你会写下"我不需要不断的安慰"。
4. 遵照健康消极情绪的认知结果和行为倾向的方式思考和处理事情。
5. 敦促自己反复练习，直到将新的思考和行为方式变成本能。

一直练习到最后一步，当你要做演讲时，你会开始以健康的方式思考，而不再需要安慰。

思维方式的改变五步曲

第一步：通过以下方式识别你的不健康信念。

A. 识别你的最严重的情绪问题。

B. 利用常见的情绪导火索图找到最令你困扰的事情。

C. 以"必须"的句型回答 B 的问题。

D. 设想自己处于一触即发的状态，找出你大脑里的三大衍生信念（恐怖信念化、低挫折容忍度和一味责怪的信念），它们可能成双或者同时出现。

第二步：探讨不健康的信念。

不健康信念往往由苛求形成，勤问自己以下的问题：

A. 它们是否现实可行？为什么？
B. 它们是否有意义？为什么？
C. 它们是否会产生有益的结果？为什么？

第三步：识别你的健康信念。

将不健康信念改写成健康的信念。苛求的健康面是偏好信念。偏好信念由反恐怖化信念、高挫折容忍度、无条件接纳自我或他人组成。

第四步：探讨健康的信念。

健康的信念由偏好信念及其衍生信念构成。勤问自己以下问题。

A. 它们是否现实可行？为什么？
B. 它们是否有意义？为什么？
C. 它们是否会产生有益的结果？为什么？

第五步：强化健康的信念，弱化不健康的信念。

每章中我们都会推荐许多认知和行为任务。

思维方式改变的例子：演讲焦虑症

1. 你发现以下信念导致你做演讲时会感到焦虑：

   如果我表现紧张，同事们不能觉得我很消极。如果他们这么觉得，那么

- 太糟糕了。
- 太难以忍受了。
- 我简直一无是处。

2. 不健康信念（苛求、恐怖化信念、低挫折容忍度）可以借助以下问题来甄别。

A. 它们是否现实可行？为什么？

B. 它们是否有意义？为什么？

C. 它们是否会产生有益的结果？为什么？

3. 找到健康的信念。将不健康的信念改写成健康的信念，如下：

   如果我表现很紧张，那么我希望同事们不要觉得我不行，但是希望终归只是希望，不是一定不能有这样的情况出现。如果他们非要这样想，那么：

- 很糟糕，但不至于恐怖。
- 很难过，但不至于难以忍受。
- 并不代表我一无是处。我有缺点，但是我的价值不是由同事决定的。

4. 通过以下偏好信念及其衍生信念的相关问题，可以甄别出健康的信念。

A. 它们是否现实可行？为什么？

B. 它们是否有意义？为什么？

C. 它们是否会产生有益的结果？为什么？

5. 想象你在同事们面前很紧张，练习并强化健康信念，弱化不健康信念。练习根据健康的行为倾向行事，不要寻找安慰，也不要逃避做演讲。

不管你选择普通改变还是思维方式的改变，都能够让你的生活发生积极健康的变化，使你逐渐认识到思维对生活的影响，让你的内心日益强大起来。

选择普通改变能让你发现该如何去思考，如何健康地管理自己的情绪。思维方式的改变尽管需要花费更多的时间和精力，但能够将隐藏的不健康思维方式改变成健康的。一旦成功，就可以将其延伸至生活的方方面面。

不管你如何使用这本书，我们都希望它对你有所帮助。

幽默

我们在一些插图中运用了幽默元素，帮助你记忆某些要点。很多伟大的思想家这样总结心理健康：生活态度要严肃，但不能太死板。我们深以为然。记住，不要把事情看得太重，这并不意味着"无所谓"。

运用幽默元素的目的是让我们看见自己信念和行为的不健康、不理性之处，而非为了冷嘲热讽。没有人是完美的，认知行为治疗的关键是无条件地接纳自己的不完美处，知道我们有时候会不健康地思考、行动。接受这个事实能让我们向前迈进。

插图传统

本书中，我们遵循了标准插图传统。在插图中，认知结果以"信念"气泡的形式出来，行为倾向则用"话语"气泡的形式呈现。

漫画人物的灵感来自印度拉贾斯坦邦（Rajastan）的两个男孩。当时，插图作者帕特里克正在村庄街道画素描。帕特里克说，有两个小男孩，一个 8 岁左右，另一个大约 11 岁左右，对他很好奇。他们的表情复杂，一面是友好健康的好奇心，另一面是不悦，像是在问："这个老外在我们这儿做什么？"

这就是印度典型的农村人对待外国人的态度，外国人并不常见。帕特里克认为这两个男孩的形象和这本书的前提很贴合，一个人的情绪可以有不同的方面，健康的或者不健康的。他的初衷是把他们画进每幅插图里，但是他很快发现，几乎不可能记录下这么丰富的表情，但是，这两个孩子的确出现在这本书里了，也唤起了帕特里克关于其他形象的灵感。如今，他们已经长大成人了……

继续读下去之前的碎碎念

本书旨在让你了解情绪，改变引发消极情绪的不健康信念。如果你的情绪问题较严重，自己寻求解决的办法对你来说并不可行，那么我们建议你向专业人士寻求帮助。

第1章

你是否低估了自己的抗压能力

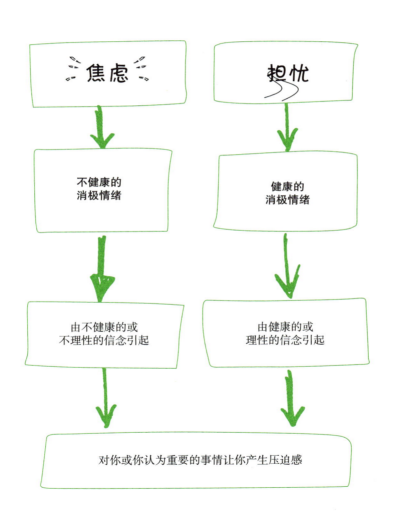

我们将在本章集中讲解治疗中最常见的几种焦虑症表现形式。

焦虑

一个人可能同时会为几件事情感到焦虑。如：

- 被别人认为不健康
- 焦虑本身
- 达不到个人目标
- 失败
- 为发生或还未发生的事情

了解这些焦虑是独立存在还是相互依存的十分重要。

有人可能会担心，如果他表现得不够好，别人就会对他做出负面评价，这会让他觉得自己一无是处。这两种焦虑是相互依存的；如果表现得好，可能就会掩盖对负面评价的深层焦虑。这样一来，如果不存在负面评价，人们就不会为自己的表现而焦虑了。这类人焦虑的核心是负面评价，因此他们会尽量避免负面评价。在这种情况下，关于负面评价的不健康信念导致了问题的产生，如"我不能接受别人说我做得不好，所以我必须表现得好"。

有的人可能会担心负面评价，也会担心自己的表现，但这两种焦虑是相互独立的。换言之，对负面评价的焦虑感和对表现的焦虑感是两回事，互不相干。这两个独立的不健康信念，一个是关于消极情绪的，一个是关于表现的，如"我不能接受别人说我表现消极。""我必须努力表现达到预期效果"。如果你让他想象，不管他表现得多么糟糕，别人都不会给他负面评价，他们还会为自己的表现而焦虑吗？如果答案是"会，因为我想为自己努力"，那就说明这两种焦虑感并非相互依存。

如果你同时为好几件事情感到焦虑，那么就应该认真思考这些焦虑感是相互依存的还是独立存在的。这可以帮助你消除不健康信念或相关的信念。

因焦虑而焦虑

常见的焦虑是焦虑本身，如因害怕而害怕。当你焦虑时，将同时发生很多事情。你能清晰地察觉到焦虑感，同时闪过很多念头，并伴随生理反应。问自己这样的问题很重要："为什么焦虑总是困扰着我？处于焦虑状态时，我在担心什么？"以下是因焦虑而焦虑的若干常见原因。

- **担心因看上去焦虑而带来负面评价**——觉得别人会发现他忘词、颤抖、脸红、冒汗，因此对他做出负面评价。
- **担心因焦虑而引发生理反应**——感到心跳加速，担心自己心脏病突发，或出现其他不适症状，如眩晕、恶心、头疼、偏头痛、结肠激惹综合征等，从而产生了焦虑感。
- **担心因焦虑而出现精神症状**——思维一片混乱，担心如果不能控制信念，就会失去理智。
- 担心焦虑性发作——我们称之为惊恐障碍（Panic Disorder），有的人担心自己焦虑时可能会惊恐发作。他们担心自己会突然惊恐，引发心脏病，导致死亡、失去理智、在别人面前失控，或做出其他糟糕的、不能忍受的、伤害自尊的事情。

因不确定而焦虑

尽管不确定性不是独立存在的，但它也是常见的一种焦虑形式。我们的来访者都没有抱怨过不确定性产生的焦虑，但他们都意识到了具体的挑战和风险，希望一切都是确定的。有些人担心身体健康，不愿意冒任何风险。他们通常会上网查看资料、定期体检，经常感到焦虑，其最大的心愿就是保持健康。强迫症患者希望消除风险，要求一切妥当，不出差池，避免发生任何可能出现的不利情况（如污染和治安问题）。因不确定而产生的焦虑与害怕犯错、做出错误的抉择或者不熟悉具体情况有关。

通常来说，这种焦虑感是由苛求信念和低挫折容忍度引起的。例如，"我必须确定我的决定是正确的，不能容忍'没把握'。"或者"我必须确定我从此以后不会再抑郁了。"

常见的焦虑导火索

图 1—1 罗列了部分常见的焦虑导火索，有些焦虑感可能会与特定的性格有关，如完美主义、控制欲或享乐主义。在符合你的情况的导火索前打勾。

☐	失败	☐	焦虑本身
☐	成功	☐	缺乏认识
☐	犯错	☐	心脏病突发
☐	他人的负面评价	☐	消极情绪
☐	认可	☐	努力
☐	不被爱	☐	健康
☐	拒绝	☐	缺乏积极情绪
☐	孤独	☐	令人震惊的或该受谴责的形象或想法
☐	抉择	☐	厌烦
☐	脸红	☐	疾病
☐	冒汗	☐	生理症状，如头晕、恶心
☐	安全	☐	身体机能失调，如大小便失禁
☐	失控	☐	具体的想法
☐	混乱	☐	冲突
☐	确定性	☐	失去理智
☐	死亡	☐	他人生你的气
☐	经济状况	☐	他人没达到你的期望
☐	你的言语或行为伤害了他人	☐	其他（写下你自己的原因）

图 1—1　常见的焦虑导火索

我是真的焦虑还是只是担忧

焦虑的核心是你认为你和你在乎的东西受到了真正的或者假想的威胁，这是一种不健康的信念。你在乎的往往是家人、朋友、爱人和钱财等。

想象的威胁与真正的威胁不同，在现实生活中根本不存在，是由人们对一个人或场景的想象和想法创造出来的。例如，有的人可能会以为任何小家蛛都又大又危险，因而害怕蜘蛛，但实际上遇到的就只是普通的家蛛而已。面对真假不一的威胁时，信念决定了情绪是不健康的焦虑还是健康的担忧。

不健康信念不仅仅会激发焦虑，也会影响思维（认知结果）和行为（行为倾向）。当感到焦虑时，你满脑子充斥的都是"要是……"的想法，你会不断寻求安慰或获得安心。

通过审视你的认知结果和行为倾向，来评估一下自己是焦虑还是只是担忧。接下来，翻阅一下关于认知结果和行为倾向的插图，让自己身处紧张到一触即发的情境中，弄清楚自己是焦虑还是担忧。当没有受到威胁时，你很容易认为自己不存在不健康的信念和想法。因此，让自己如坐针毡，看看这种紧张究竟是焦虑还是只是担忧。

认知结果

焦虑

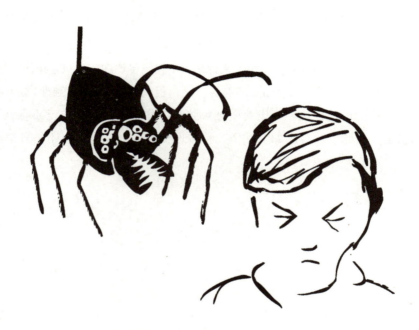

你倾向于夸大威胁的负面特性。

认知结果

担忧

你客观地看待威胁。

认知结果

焦虑

你低估了自己的抗压能力。

认知结果

担忧

你客观地评价自己的抗压能力。

认知结果

焦虑

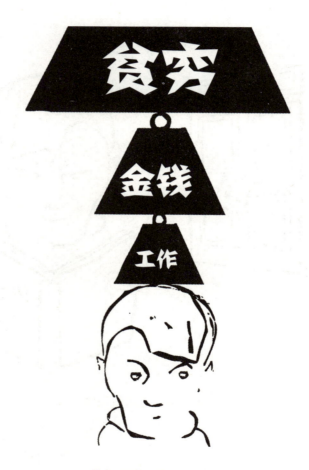

你把压力想得更消极。

认知结果

担忧

你会正确地看待压力。

认知结果

焦虑

你为毫不相干的琐事感到焦虑。

认知结果

担忧

你只担心正事。

行为 / 行为倾向

焦虑

你逃避未知的事物。

行为 / 行为倾向

担忧

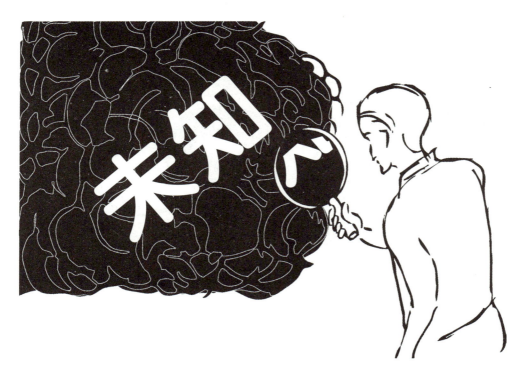

你直面未知的事物。

行为 / 行为倾向

焦虑

你精神上逃避威胁。

行为 / 行为倾向

担忧

你有效地应对威胁。

行为 / 行为倾向

焦虑

大蒜　　十字架　　盐　　太阳镜

黑猫　　无忧珠　　铜手环　　光荣之手

毛巾　　骷髅　　还原水　　隐形披肩

"护身符"

你借助迷信保护自己不受威胁。

行为 / 行为倾向

担忧

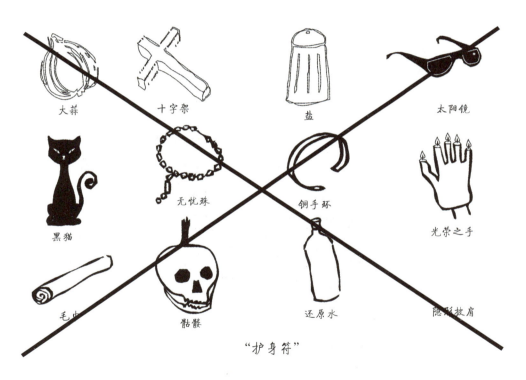

大蒜　　十字架　　盐　　太阳镜

黑猫　　无忧珠　　铜手环　　光荣之手

毛巾　　骷髅　　还原水　　隐形披肩

"护身符"

面对威胁，你不相信迷信。

行为 / 行为倾向

焦虑

你强迫自己冷静下来。

行为 / 行为倾向

担忧

你接纳并顺着你的情绪办事。

行为 / 行为倾向

焦虑

你寻找安慰。

行为 / 行为倾向

担忧

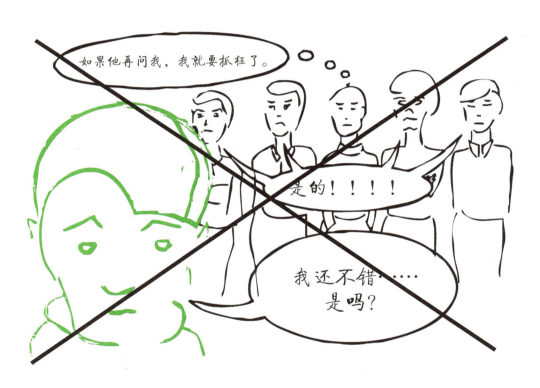

你不需要安慰。

现在，选择普通改变还是思维方式的改变

普通改变

步骤一：选择最让你感到焦虑的问题。

步骤二：识别焦虑引发的认知结果和行为倾向，根据插图，用自己的话写下来。确保它们具体到你自己的情况。

步骤三：找到焦虑带来的认知结果和行为倾向，根据插图，用自己的话写下来。确保它们具体到你自己的情况。

步骤四：确保你的思想和行为符合担忧带来的认知结果和行为倾向。

步骤五：敦促自己反复练习，直到将新的思考和行为方式变成本能。

> **小贴士：**
> 如果一开始就让行为符合健康的担忧方式比较难的话，那么你可以用几周的时间来想象自己的行为方式很健康，然后再付诸实际。

思维方式的改变

如果你选择了这种方式，那就千万不能心急，因为思维方式的改变就是要长期改变你的不健康信念。

步骤一：识别不健康的信念。

步骤二：探讨不健康的信念。

步骤三：识别健康的信念。

步骤四：探讨健康的信念。

步骤五：强化健康的信念，弱化不健康的信念。

记住，焦虑是由真假难辨的不健康信念造成的。不健康的信念往往由绝对主义的苛求信念构成，以"应该"、"必须"、"需要"、"不得不"、"绝对应该"的说话方

式表现出来，衍生了三种扭曲的信念，如图 1—2 所示。

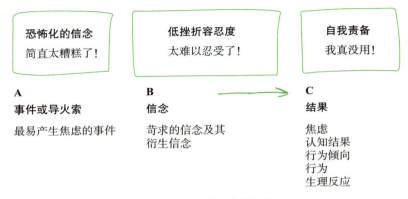

图 1—2　三种扭曲的信念

B 中的不健康信念就是一种苛求，面对事情时它最容易激发人的焦虑感——它不是要求"绝对要发生"，就是要求"绝对不能发生"。

例如，如果你最担心成功，那么苛求信念就是"我必须成功"。如果你最担心失败，那么苛求信念就是"我不能失败"。如果结果没达到这种苛刻的要求，那么三种衍生信念就会出现。图 1—3 就是一些例子。

图 1—3　扭曲信念的实例

步骤一

识别引发焦虑的不健康信念

a. 选择一个最让你感到焦虑的问题。

b. 利用常见的焦虑情绪导火索（见图 1—1），找到最让你感到困扰的事情。导火索可能不止一个，也就是说，引发焦虑的不健康信念不止一个。每次改变一个不健康信念。

c. 以"必须"的句式回答 b 的问题（参见前文）。

d. 识别三种衍生信念（恐怖化信念、低挫折容忍度、自我责备，看看这些信念都意味着什么）。

这三种衍生信念可能两两出现，也可能同时出现。识别这些衍生信念时，设想自己处于焦虑即将爆发的情境中。表 1—1 列出了几个实例。

表 1—1　　　　　　　　　　引发焦虑的不健康信念实例

例子	恐怖化信念	低挫折容忍度	自责 / 责备他人
我一定不能被人拒绝，那种感觉太糟糕了，难以忍受，让我觉得自己没有价值。	✓	✓	✓
我必须掌控我的身体，不能忍受失控的感觉。		✓	
我一定要确认我的决定是正确无误的。我不能忍受无知的感觉，太糟糕了。	✓	✓	
我焦虑的时候，千万不能偏头痛，否则太糟糕了，让人无法忍受。	✓	✓	
别人一定要认同我，不认同我就等于说我一无是处。			✓

步骤二

识别？引发悲伤的健康信念

运用以下三个标准，盘问自己不健康的信念是否合理。牢记不健康的信念是由苛求信念及其衍生信念组成的。问问自己以下问题。

a. 它们是否现实可行？为什么？

b. 它们是否有意义？为什么？

c. 它们是否会产生有益的结果？为什么？

假设不健康的信念如图 1—4 所示。

苛求信念

别人不能给我负面评价。

恐怖化信念

如果别人给我负面评价，那么真是太糟糕了。

低挫折容忍度

如果别人给我负面评价，会让我难以忍受。

自责信念

如果别人给我负面评价，就是说我一无是处。

1. 它们是否现实可行？为什么？
2. 它们是否有意义？为什么？
3. 它们是否会产生有益的结果？为什么？

图 1—4　探讨引发焦虑的不健康信念

接下来，继续探讨你的不健康或健康信念。

步骤三

识别引发担忧的健康信念

a. 以偏好信念取代苛求信念，将不健康信念转化成健康信念。

b. 时刻否定自己的不健康要求。例如，"我希望别人对我做出积极评价，但是我并不强求。"

c. 识别衍生信念。（恐怖化信念、高挫折容忍度、接纳自我／他人／世界。）表 1—2 和表 1—3 可供参考。

d. 偏好信念较为灵活，合乎情理，结果往往有益。

表 1—2 　　　　　　　　不健康的信念实例

不健康的信念	恐怖化	低挫折容忍度	自责／责备他人
我一定不能被人拒绝，那种感觉太糟糕了，让我难以忍受，并觉得自己没有价值。	√	√	√
我必须掌控我的身体，我不能忍受失控的感觉。		√	
我一定要确认我的决定是正确无误的，我不能忍受无知的感觉，那太糟糕了。	√	√	
我焦虑的时候，千万不能偏头痛，否则太糟糕了，让我无法忍受。	√	√	
别人一定要认同我，不认同我就等于说我一无是处。			√

表 1—3　　　　　　　　　　　健康的信念实例

健康的信念	反恐怖化	高挫折容忍度	接纳自己 / 他人
我希望被人接纳，但并不强求。如果我被人拒绝了，我会难过，但不会觉得很糟糕、难以忍受，而且这也并不意味着我毫无价值。不管怎样，我接纳我自己。	√	√	√
我想要掌控我的身体，但不是非得如此。如果不能掌控，我的确会难过，但不会不能容忍。		√	
我希望我的决定是正确无误的，但并不非得如此。不确定的确很糟糕，但这并非世界末日。	√	√	
我希望在我焦虑的时候别再犯偏头痛。偏头痛让我很难受，但并非到了世界末日，我能应对。	√	√	
我渴望得到别人的认可，但并不强求。不认同我并不等于我一无是处。我知道自己不完美，但我接纳这样的自己。			√

接下来，以一种健康的方式改写你的信念。

步骤四

探讨引发担忧的健康信念

以衡量不健康信念的标准重新探讨你的健康信念，可以保证不偏不倚，也更能说服自己努力改变。

健康的信念是由偏好信念和三个衍生信念或者其结合体构成的。根据图 1—5 问自己一些问题。

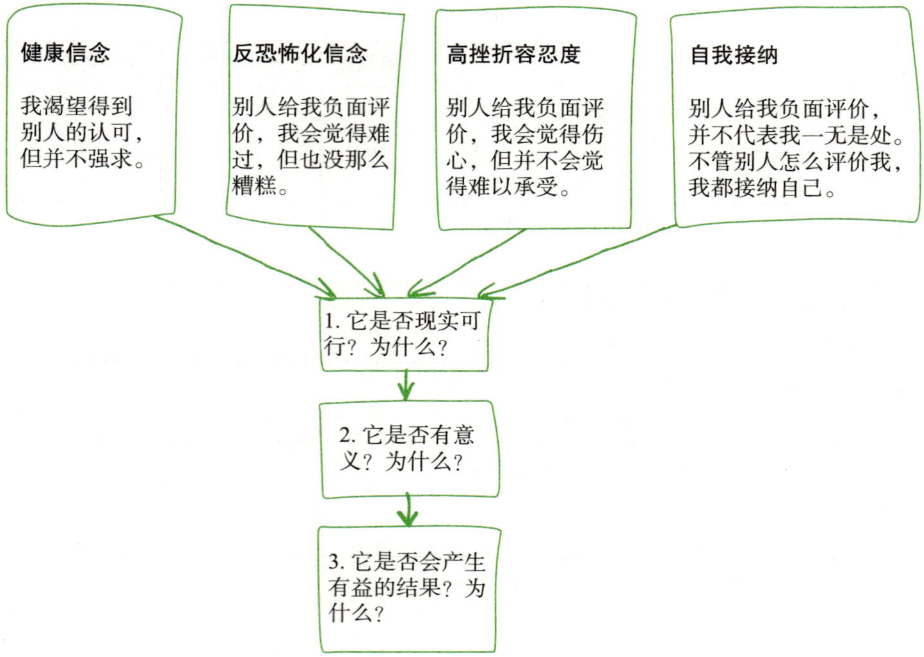

健康信念

我渴望得到
别人的认可，
但并不强求。

反恐怖化信念

别人给我负面评
价，我会觉得难
过，但也没那么
糟糕。

高挫折容忍度

别人给我负面评
价，我会觉得伤
心，但并不会觉
得难以承受。

自我接纳

别人给我负面评价，
并不代表我一无是处。
不管别人怎么评价我，
我都接纳自己。

1. 它是否现实可行？为什么？

2. 它是否有意义？为什么？

3. 它是否会产生有益的结果？为什么？

小贴士：
记住，反恐怖化信念就是认为并不存在100%的坏事，因为事情永远没有人们想象的糟糕。

小贴士：
高挫折容忍度意味着你尚未濒临崩溃。

小贴士：
接纳自我或他人不应基于某些条件。人类本身并不完美。

图 1—5　探讨引发担忧的健康信念

接下来，探讨健康的信念及其衍生信念。

步骤五

强化引发担忧的健康信念
弱化引发焦虑的不健康信念

要将引发焦虑的不健康信念转变为引发担忧的健康信念，就要在思考问题时遵循健康的信念，采取有建设性的行动。下述内容呈现了担忧的思维方式（认知结果）和行为倾向，可见有建设性的行动取决于担忧的行为倾向。

- 反复要求自己遵循健康信念的方式思考、行动，直到情绪状态从焦虑转化为担忧。
- 记住，焦虑的情绪会改变——你采取的新思维方式和新行动在刚开始时可能会让你感到不习惯，这都是正常现象，因为你在改变旧有的不健康思维习惯和习惯性焦虑行为，需要强迫自己反复练习几个星期。
- 你为自己设定的行为目标一定要具有挑战性，但是也不能遥不可及，否则难以实现。
- 设想类似场景，模拟以健康信念的方式思考和行动，直到你确定自己准备好了面对现实的挑战。先想象自己去健身房锻炼，到一定的时候，你要真正去健身，并坚持下来，直到完成理想目标。
- 每天，尤其是在情绪要爆发时，在脑海里回放健康的信念——担忧。这种演示会让你在真正面对类似情景时，知道自己该如何去做。
- 一旦实现了心目中的目标，要做的就是保持健康的思维和行为方式。如果通过健身达到了理想的体重，那么就此彻底停下来将是不明智的。
- 回顾每一次面临挑战时，你是如何做的，是不是有可以改进的地方，下次是不是可以做得更好。不要苛求完美。从焦虑到担忧的转变过程会让人不舒服，情绪不稳定。有时候，你进步神速，但有时候，你可能会裹足不前，甚至退步，重要的是认清现实，将注意力转移到你可以做的事情上，然后坚持下去。
- 记住，你不可能在一夜之间就学会开车、骑自行车或阅读，需要你持之以恒地练习，并专注地付出大量精力。

应对焦虑的技巧

- 要想克服焦虑情绪，就要直面困难。我们倾向于逃避某种信念、行为、感受、生理感觉、想象、情景、目标、动物，抑或是某些人。当你想要逃避任何引发焦虑的情景时，在脑海里默念健康信念。

- 学习放松的技巧，但是不要利用这些技巧来逃避焦虑情绪。学会借助放松来平衡生活。

- 定期锻炼，但是不要利用锻炼来回避焦虑情绪。应该通过锻炼让你的生活更健康。

- 敢于迎接挑战，但是不要给自己过多的压力。

- 逐渐学会面对焦虑情绪。

- 反复练习，坚持下去。

第2章

不要只看到失败的负面影响

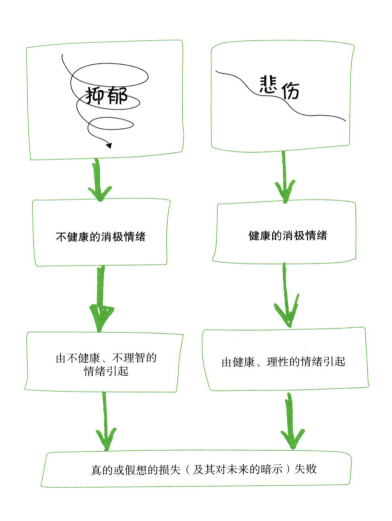

抑郁仅次于焦虑，也是一种常见的情绪问题。抑郁会时不时地影响我们，女性患抑郁的概率是男性的两倍，主要是受女性荷尔蒙变化的影响。在本书中，我们主要研究因心理因素而引发的抑郁，而非化学因素造成的抑郁。

抑郁症的分类

抑郁症根据其主要特征、持续时间和症状程度分为不同类型。美国精神医学会出版的《精神疾病诊断与统计手册》（*Diagnostic and Statistical Manual of Mental Disorders*，*DSM*）对抑郁症进行了分类和定义。

《精神疾病诊断与统计手册》介绍了以下三种不同类型的抑郁症。患者通常是在工作、学业或感情中经受过巨大悲痛或丧失了某些能力。

重度抑郁症（Major Depressive Disorder)：重度抑郁情绪通常持续发作两个星期，每天都处于发作状态。

境恶劣障碍（Dysthymic Disorder）：相较于重度抑郁症，病情较轻，至少持续两年。

双相情感障碍（Bipolar Affective Disorder）：亦称躁郁症。其症状为情绪波动大，时而兴奋，时而抑郁、绝望，甚至会有幻觉。

其他抑郁症还有以下几种：

季节性情绪紊乱（Seasonal Affective Disorder，SAD）：情绪随季节变化明显，多发于冬季。

产后抑郁症（Postnatal Depression）：生育两三个星期后发作，持续数月或数年。

慢性抑郁症（Chronic Depression）：至少发作两年。

内源性抑郁症（Endogenous Depression）：症状表现为毫无来由地抑郁。

反应性抑郁症（Reactive Depression）：因经受过损失或失败的刺激而引发的，在事发后的 3 个月内发作，持续时间不超过 6 个月。

抑郁情绪有不同的表现形式。一个人生活中难免会遭受损失和失败，因此我们或多或少都经历过抑郁情绪。信念的健康与否，会让个人的感受大不相同，而悲伤是抑郁情绪的健康对应面。

美国心理学家保罗·霍克（Paul Hauck）通过观察，将抑郁表现形式分为以下三类。

1. 自我贬低（Self denigration）
2. 自怨自艾（Self pity）
3. 悲天悯人（Other pity）

自我贬低型抑郁由对自主、独立、成功和自由的要求过于苛刻而引发。例如：

- 我一定要能照顾好自己。
- 我一定要独立。
- 我一定要成功；我若失败了，就证明我一文不值，是个彻头彻尾的废物。

自责或自贬取决于对你重要的人或你的圈子对你持接受还是拒绝的态度。"我不应该遭到拒绝，否则就说明了我很糟糕，很失败。"

自怨自艾型的人则总是在想"为什么是我"，"我好可怜"，"这一切不该由我来承受"。这种抑郁通常发生在失去一位挚爱、一份工作或一段感情后，不健康的信念却执著地认为生活必须舒适、轻松、无忧无虑，从而引发抑郁。

悲天悯人型表现为总是因为别人的困境、痛苦或不幸而困扰自己，产生一些过分的念头，如"不能发生不公正的事情，他们不应该承受那么多，太糟糕了。"

因抑郁而焦虑

你可能会因为变得抑郁或一直都处于抑郁中而感到焦虑。你可能会想"我一定不能再患上抑郁症；我不能承受，我一定要确保我不会再患上抑郁症了"。这种不健康的信念会导致焦虑，例如你会因此不停地寻找安慰。

我们应该将其转化为对未来可能重新患上抑郁症的担忧，而不是焦虑。

因抑郁而愤怒

如果你认为抑郁是弱者的表现，就很可能会因为自己抑郁而产生不健康的愤怒。这种不健康的愤怒是由对个人规则破坏或挫败感所持有的不健康信念激发的。

你对自己在工作中的表现要求十分苛刻。当你不能达到要求时，就会非常抑郁，因为你认为自己"完全失败了"。你对自己的抑郁感到生气。

不健康的愤怒由不健康的抑郁信念引起，如"我不能抑郁，抑郁只能证明我是一个弱者"，这常会导致酗酒、吼叫等失控行为。

因抑郁而内疚

如果你有这样的不健康信念："我不应该抑郁，我一生拥有这么多，我应该感激"，你就会对抑郁情绪感到内疚。内疚的本质是"我应该感恩所拥有的一切，不懂得感恩简直太糟糕了"。

因抑郁而羞愧

抑郁时，人们通常会认为"我不应该抑郁"或不该告诉别人我抑郁了。例如，"如果别人知道我患上抑郁症了，就一定会觉得我很脆弱，因为我也认为抑郁是弱者的象征。"你会假装一切都很好，为了面子而不与别人来往。可悲的是，因抑郁而羞愧或因其他情绪问题感到羞愧的现象十分常见。

常见的抑郁导火索

图 2—1 罗列了部分常见的抑郁导火索。抑郁由对于损失和失败的不健康信念引起。在符合你的情况的导火索前打勾。

☐　失败	☐　失去吸引力
☐　目标受阻	☐　不公正
☐　失去地位	☐　失去至亲
☐　失去自主权	☐　情绪低落
☐　不能参与重要活动	☐　与他人相处不愉快
☐　依赖他人	☐　财政问题
☐　失去选择权	☐　具体信念
☐　失去控制权	☐　没有归属感
☐　失去审批权	☐　失控
☐　拒绝	☐　选择有限
☐　批评 / 不赞成	☐　失去挚爱
☐　他人的负面评价	☐　失去与重要他人的联系
☐　独身一人	☐　名誉受损
☐　失去帮助自己的人	☐　困境
☐　他人的不幸	☐　他人的袖手旁观
☐　厌倦	☐　疾病 / 心脏病
☐　其他（写下你自己的原因）	

图 2—1　常见的抑郁导火索

我是抑郁，还是悲伤

抑郁的本质是对实际的或假想的损失或失败持有不健康的信念。这种不健康信念不仅会引发抑郁，还会对你的思维（认知结果）和计划（行为倾向）产生一定的影响。

举例来说，当你感到抑郁时，你的想法很容易集中于"要是……"而且会远离朋友和家人，试图与世隔绝。检查你的认知结果和行为倾向，评价你是抑郁，还是悲伤。

　　不妨翻阅一下接下来关于认知结果和行为倾向的插图，设想自己身处抑郁一触即发的情景，弄清楚自己是抑郁，还是悲伤。

　　当你没有受到刺激，远离问题根源时，你很容易认为自己的想法和信念很健康，不存在问题。设想你处于情绪低落的情境中，看看这种情绪是抑郁还是悲伤。

认知结果

抑郁

你只看到了损失或失败的负面影响。

认知结果

悲伤

你能同时看到损失或失败的正面和负面影响。

认知结果

抑郁

你联想起你失去的其他东西，以及你经历过的其他失败。

认知结果

悲伤

你不会联想起你失去的其他东西，以及你经历过的其他失败。

认知结果

抑郁

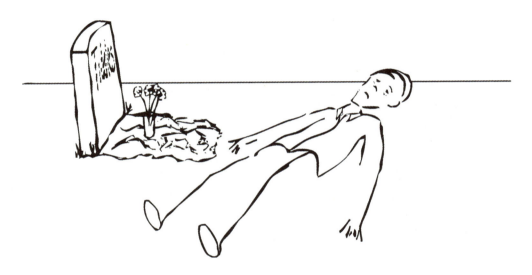

你觉得自己很无助。

认知结果

悲伤

你能向自己伸出援助之手。

认知结果

抑郁

放眼未来，都是痛苦和黑暗（绝望）。

认知结果

悲伤

未来充满希望。

行为 / 行为倾向

抑郁

你拒绝他人帮助。

行为 / 行为倾向

悲伤

你能表达对损失或失败的感受，你会和对你重要的人谈心。

行为 / 行为倾向

抑郁

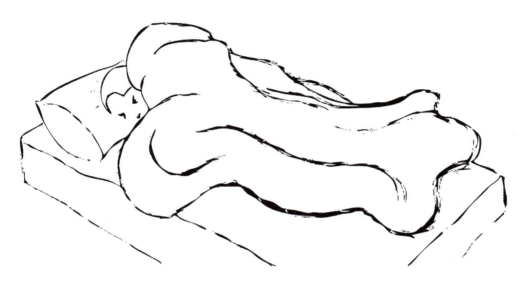

你逃避到自己的世界里，黯然神伤。

行为 / 行为倾向

悲伤

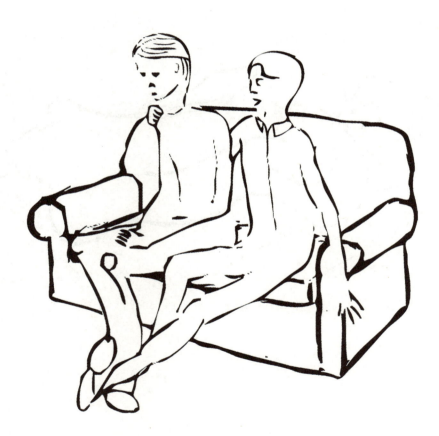

悲痛过后，你寻求朋友的帮助和支持。

行为 / 行为倾向

抑郁

你身边的环境会随你的情绪而改变。

行为 / 行为倾向

悲伤

不管心情如何，身边的环境永远不变。

行为 / 行为倾向

抑郁

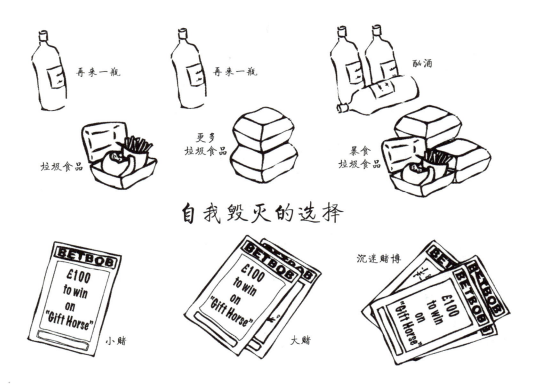

再来一瓶

再来一瓶

酗酒

更多垃圾食品

垃圾食品

暴食垃圾食品

自我毁灭的选择

小赌

大赌

沉迷赌博

你用自我毁灭的方式逃避抑郁。

行为 / 行为倾向

悲伤

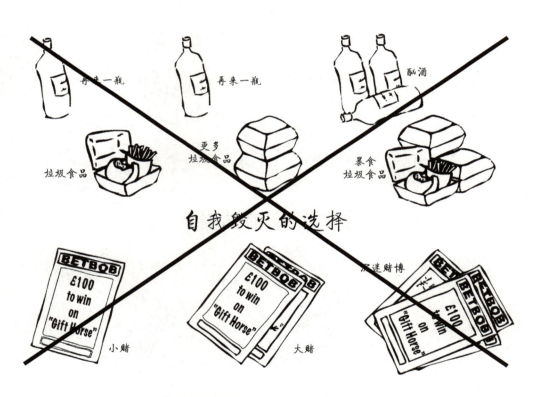

再来一瓶

再来一瓶

酗酒

垃圾食品

更多
垃圾食品

暴食
垃圾食品

自我毁灭的选择

BETBOB
£100
to win
on
"Gift Horse"

小赌

BETBOB
£100
to win
on
"Gift Horse"

大赌

沉迷赌博

BETBOB
£100
to win
on
"Gift Horse"

你不会用自我毁灭的方式逃避抑郁。

现在，你选择普通改变还是思维方式的改变

普通改变

步骤一：选择一个最让你感到抑郁的问题。

步骤二：认识抑郁的认知结果和行为倾向，根据插图，用自己的话写下来。确保它们具体到你自己的情况。

步骤三：找到悲伤的认知结果和行为倾向，根据插图，用自己的话写下来。确保它们具体到你自己的情况。

步骤四：确保你的思想和行为符合悲伤的认知结果和行为倾向。

步骤五：敦促自己反复练习，直到将新的思考和行为方式变成本能。

> **小贴士：**
> 如果一开始就让行为符合健康的悲伤方式比较难的话，那么你可以用几周的时间来想象自己的行为方式很健康，然后再付诸实际。

思维方式的改变

如果你选择了这条路，那就千万不能心急，因为思维方式的改变就是要长期改变你的不健康信念。

步骤一：识别不健康的信念。

步骤二：探讨不健康的信念。

步骤三：识别健康的信念。

步骤四：探讨健康的信念。

步骤五：强化健康的信念，弱化不健康的信念。

记住，抑郁是由关于损失和失败的不健康信念造成的。不健康的信念通常由绝对主义的苛求信念构成，以"应该"、"必须"、"需要"、"不得不"、"绝对应该"的

说话方式表现出来，衍生了三种扭曲的信念，如图 2—2 所示。

图 2—2　三种扭曲的信念

B 中不健康的苛求在面对事情时能激发人的抑郁情绪。它要么要求"绝对发生"，要么要求"绝对不发生"。

例如，如果你最担心抑郁，那么苛求信念就是"我不能抑郁"。如果你最担心一段感情的结束，那么苛求信念就是我必须停留在这段感情里。如果没有达到苛求信念的要求，三种衍生信念就会出现。

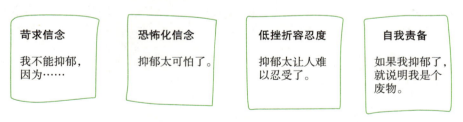

图 2—3　扭曲信念的实例

步骤一

识别引发 抑郁的 不健康信念

a. 选择一个最让你感到抑郁的问题。

b. 利用常见的抑郁导火索图（见图 2—1），找到最让你抑郁的事情。导火索可能不止一个，也就是说，引发抑郁的不健康信念不止一个。每次改变一个不健康信念。

c. 以"绝对应该"的句式回答 b 的问题（参见前文）。

d. 识别三种衍生信念。（恐怖化信念、低挫折容忍度、自责。看看这些信念都意味着什么。）

这三种衍生信念可能两两出现或同时存在。识别这些衍生信念时，设想自己处于抑郁即将爆发的情景中。表 2—1 列出了几个实例。

表 2—1　　　　　　　　　引发抑郁的不健康信念实例

例子	恐怖化信念	低挫折容忍度	自责 / 责备他人
我一定不能被人拒绝，那种感觉太糟糕了，难以忍受，让我觉得自己没有价值。	√	√	√
我绝对不能失败，那种感觉太糟糕了，让我觉得自己一无是处。	√	√	√
我不能再抑郁下去了，感觉太糟糕了，难以忍受。	√	√	
我不能失业，失业太糟糕了，我无法承受，会让我觉得自己是个废物。	√	√	√

步骤二

探讨 引发 抑郁的 不健康信念

运用以下三个标准，盘问自己不健康的信念是否合理。牢记不健康的信念是由苛求信念及其衍生信念组成的。问问自己以下问题。

a. 它们是否现实可行？为什么？
b. 它们是否有意义？为什么？
c. 它们是否会产生有益的结果？为什么？

假设不健康的信念如图 2—4 所示。

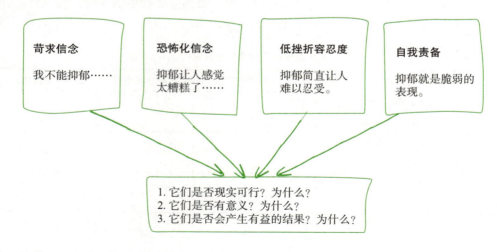

苛求信念

我不能抑郁……

恐怖化信念

抑郁让人感觉太糟糕了……

低挫折容忍度

抑郁简直让人难以忍受。

自我责备

抑郁就是脆弱的表现。

1. 它们是否现实可行？为什么？
2. 它们是否有意义？为什么？
3. 它们是否会产生有益的结果？为什么？

图 2—4　探讨引发抑郁的不健康信念

接下来，继续探讨你的不健康或健康信念。

步骤三

识别？引发悲伤的健康信念

- a. 以偏好信念取代苛求，将不健康信念转化成健康信念。
- b. 时刻否定自己的不健康要求。如，"我不希望自己陷入抑郁情绪中，我会顺其自然。"
- c. 识别衍生信念。（反恐怖化信念、高挫折容忍度、接纳自我 / 他人世界。）表 2—2 和表 2—3 可供参考。
- d. 偏好信念较为灵活，合乎情理，其结果往往有益。

表 2—2　　　　　　　　　　不健康的信念实例

不健康信念	恐怖化信念	低挫折容忍度	自责 / 责备他人
我一定不能被人拒绝，那种感觉太糟糕了，难以忍受，让我觉得自己没有价值。	√	√	√
我绝对不能失败，那种感觉太糟糕了，让我觉得自己一无是处。	√	√	√
我不能再抑郁下去了，感觉太糟糕了，难以忍受。	√	√	
我不能失业，失业太糟糕了，我无法承受，会让我觉得自己是个废物。	√	√	√

表 2—3　　　　　　　　　　健康的信念实例

健康信念	反恐怖化信念	高挫折容忍度	接纳自己／他人
我希望被人接纳，但并不强求。如果我被人拒绝了，我会难过，但不会觉得很糟糕，难以承受，也不会觉得这意味着我毫无价值。不管怎样，我接纳自己。	√	√	√
我不希望自己失败，但并不意味着我一定不能失败。失败的感觉很糟糕，但并非世界末日，我能应对。失败并不代表我做人失败。我知道自己不完美，但我接纳这样的自己。	√	√	√
我希望不再抑郁，但并不强求。抑郁让人很难受，但并非不能承受。	√	√	
我不希望自己失去工作，但是我接受事实。失业很糟糕，但并非世界末日，我能承受。失业并不意味着我毫无价值，我的价值并不依附工作而存在。不管怎样，我接纳自己。	√	√	√

接下来，以一种健康的方式改写你的信念。

步骤四

以衡量不健康信念的标准重新探讨你的健康信念，可以保证不偏不倚，也更能说服自己努力改变。

健康信念是由偏好信念和三个衍生信念或其结合体构成的。根据图 2—5，问自己一些问题。

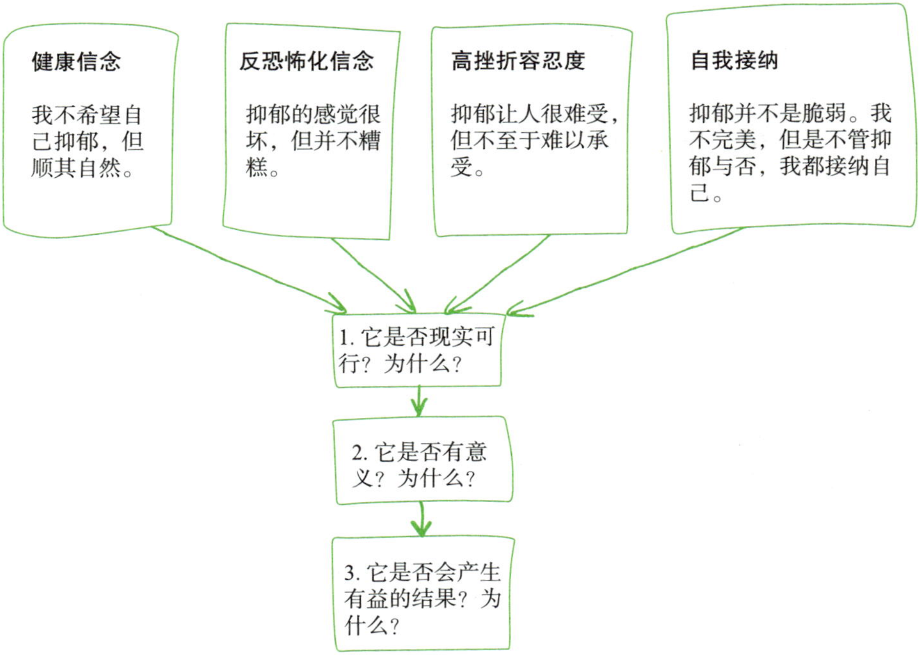

健康信念	反恐怖化信念	高挫折容忍度	自我接纳
我不希望自己抑郁，但顺其自然。	抑郁的感觉很坏，但并不糟糕。	抑郁让人很难受，但不至于难以承受。	抑郁并不是脆弱。我不完美，但是不管抑郁与否，我都接纳自己。

1. 它是否现实可行？为什么？

2. 它是否有意义？为什么？

3. 它是否会产生有益的结果？为什么？

小贴士：
记住，反恐怖化信念就是认为并不存在100%的坏事，因为事情永远没有人们想象的糟糕。

小贴士：
高挫折容忍度意味着你尚未濒临崩溃。

小贴士：
接纳自我/他人不应基于某些条件。人类本身并不完美。

图 2—5　甄别引发悲伤的健康的信念

接下来，探讨健康的信念及其衍生信念。

步骤五

要将引发抑郁的不健康信念转化为引发悲伤的健康信念，就要在思考问题时遵循健康的信念，采取建设性的行动。下述内容呈现了悲伤的思维方式（认知结果）和行为倾向，可见有建设性的行动基于悲伤的行为倾向。

- 反复要求自己遵循健康信念的方式思考、行动，直到情绪状态从抑郁转化为悲伤。

- 记住，抑郁的情绪会变——你采取的新思维方式和新行动在刚开始时可能会令你感到不适应，这都是正常现象，因为你在改变旧的不健康思维习惯和习惯性焦虑行为，需要强迫自己反复练习几个星期。

- 你为自己设定的行为目标一定要具有挑战性，但是也不能遥不可及，否则难以实现目标。

- 设想类似场景，自己模拟如何以健康的信念思考和行动，直到确定自己准备好了面对现实的挑战。想象自己出去和朋友见面，到一定时候，你要真正地出去见朋友，坚持下来，直到完成理想目标。

- 每天，尤其是你要爆发时，在脑海里回放健康的信念。这种预演会让你在真正面对类似情景时，知道该如何去做。

- 一旦实现了心中的目标，要做的就是保持健康的思维和行为。如果你能够在正式社交场合如鱼得水，那么就此停止社交只会让你再次感到孤立，即使不愿意，也应该继续努力。

- 回顾每次面临挑战时，你是如何做的，是不是可以改进，做得更好。不要苛求完美。从抑郁到悲伤的转变过程会让人不舒服，情绪不稳定。有时候，你进步神速，但有时候，你可能会裹足不前，甚至退步。重要的是，你要认清现实，将注意力转移到你可以做什么上，然后坚持下去。

- 记住，你不可能在一夜之间就学会开车、骑自行车或阅读，这都需要持之以恒的练习和付出。

应对抑郁的技巧

- 要想克服抑郁情绪，就要设法接受自我。用饱满的精神来改变自己的自责信念。
- 养成良好的睡眠习惯，遵守日常作息时间。早睡早起，保证睡眠质量。
- 定期锻炼，最好是每天都进行锻炼，这有助于补充能量。
- 饮食规律，保证充足的能量。
- 经常做自己喜欢的事情。开卷有益，读书能让你接触到浩瀚的世界，而不至于眼界狭隘。
- 面对抑郁导火索时，要敢于调整，但不要给自己太大的压力。

第3章

大喊大叫驱不走愤怒

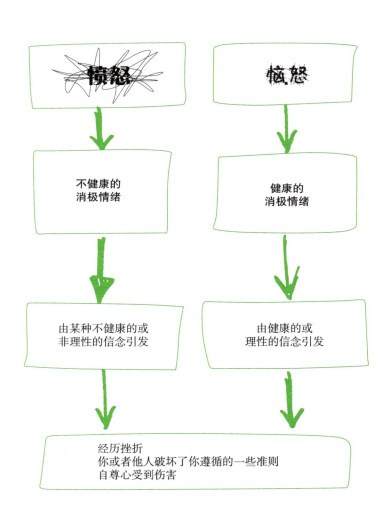

愤怒

恼怒

不健康的
消极情绪

健康的
消极情绪

由某种不健康的或
非理性的信念引发

由健康的或
理性的信念引发

经历挫折
你或者他人破坏了你遵循的一些准则
自尊心受到伤害

我们会关注最常见的愤怒导火索，并讨论几种很多人都会体验到的愤怒。

愤怒

有时候你会感到愤怒。愤怒是一种常见的情绪，可以分为两种类型：不健康的愤怒和健康的恼怒（annoyance）。在下文中，我们将用"愤怒"这个词来指不健康的愤怒，用"恼怒"这个词来指代"愤怒"的健康对立面。这两种愤怒的强度是可以变化的。愤怒的时候，你会感受到敌意或者狂躁。轻微的恼怒可以变成强烈的愤怒。

愤怒对于自身或者他人都是危险的。它会对你的身体或精神健康造成短期或长期的影响，如图 3—1 所示。

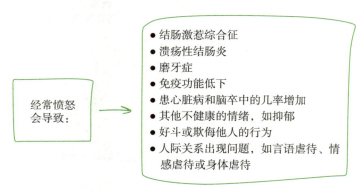

图 3—1　愤怒带来的影响

前面，我们曾介绍过三个"必须"。

1. 我的表现必须好、很好、完美或者出类拔萃；我必须赢得他人的赞美，否则就糟糕透了。我不能忍受这样的结果，我不能觉得自己不够好，或者总是什么事情都做不好。这会让人陷入焦虑、抑郁、绝望中，还会让人感到一系列负面情绪，如一无是处、嫉妒、伤心、妒忌、内疚、羞愧、尴尬或者不健康的对自我的愤怒。

2. 其他人必须做对事情，必须是某种样子，必须对我很好，必须是亲切的或体贴的，我必须是他们关注的中心，否则就是可怕的、不能忍受的，就证明他们是坏人，很差劲。这会让人变得愤怒、狂躁、好斗、怨恨、嫉妒和妒忌。

3. 生活必须是舒适的，不能有不舒适、不便或者任何麻烦，否则就是可怕而不能忍受的。如果这样，我将会诅咒世界太吝啬，不肯轻易赐给我一切东西。这会让人产生低挫折容忍度的信念，逃避、拖延，染上癖嗜的心理。这也可能会让人放弃目标，当然也就不再焦虑和愤怒了。

愤怒产生的大部分问题都源于上述第二个信念，即认为他人必须怎样。第一和第二个"必须"可能会使人对自己、对生活和遇到的一切麻烦都感到愤怒，或者是对世界感到愤怒。

愤怒的表达方式

愤怒的表达方式有多种。一个人愤怒的时候可能会立即大喊大叫、摔打东西、破坏物品，也可能会做出更危险的暴力行为。不同的人表达愤怒的方式不同。

你也许会压抑自己的愤怒，然后用消极的攻击行为表现出来，如生气、退出、阻碍、表现出轻蔑的神色、忽视、操控、隐瞒消息、找借口等。行为具有消极攻击性的人不常表现出自己的愤怒。他们表面看上去与人和谐，对人礼貌、友好，但是心里却是在生气。

有时候，愤怒先是被压抑着，然后会以攻击性的行为爆发出来。内化和压抑愤怒之情的人也许会伤害到自己。内化和压抑的行为也许会使愤怒的情绪暂时得以释放，但是不能长期解决根本问题，因此具有破坏性，可能会导致别的情绪问题。

处理愤怒情绪的无益策略

人们用不同的方式处理自己的愤怒之情，但不幸的是，有些方式从长期来看并无益处。下面就是一些无益的解决方式。

1. 压抑愤怒。有些人认为任何形式的愤怒都是不健康的，都应当克制。人要尽量保持平和，阻止冲突。这种态度基于"我必须是温和愉悦的"信念。这种信念会大大损耗人的精神，导致人际关系产生问题。我们的一些来访者认为，愤怒时的信念就是"不,不"，否定一切。不过问题是，我们都会愤怒，都有引发愤怒的信念，压抑这种情绪只会使人更有挫败感，产生更让人愤怒的信念，从而使人进入恶性循环：你越想消除这些情绪和信念，它们就越长久和强烈。压抑愤怒，只会导致如内疚和抑郁这样的情绪问题。

2. 仅表达情感或者猛击靠垫。有些人总是与拥有或保持良好、健康的人际关系背道而驰，因为他们坚信"我是一个诚实的人,我必须诚实地表达我的感觉,他人去留自愿"。不过问题是，诚实通常会让其他人感到不悦。如果你有"其他人必须如何对你"的不健康信念，你就会感到愤怒。你对他人说话时就会充满敌意，指手划脚，导致他人开始进行防御。这不利于让冲突在快乐中消解，只会弄巧成拙。

   你也许读过一些书，告诉你可以将愤怒发泄在靠垫上，或者大声地叫喊以释放被压抑的愤怒。这样做也许会让你暂时得以解脱，但是对你依然没什么好处，因为问题并没有得到解决，只是被延迟解决罢了。你也许会想"是的,但它并非对任何人都有害"。这么想没错，但是无法改变一个事实：不健康的信念以及破坏性信念和态度仍然没有改变，下次被激发时依然会浮出水面。如果没有长期的解决方式，那么任何暂时的释放策略对于解决持久的愤怒和敌意问题都是无效的。

愤怒式伤心

愤怒式伤心是一种混合情绪。当你感到某人待你不公或者很冷漠时，你会产生这种情绪。这个人一般会与你有情感上的联系，可能是你的配偶、合作者、朋友、父母或者兄妹。感到愤怒式伤心的人通常会注意和表达出愤怒这种表面情绪，但是一旦剥开愤怒的外衣，我们就会发现潜伏在内的其实是伤心。愤怒是由关于他人的不健康信念引发的。这个"其他人"通常被认为是心不在焉的、不顾及他人的坏人，是行为不公且冷漠的人；然而，伤心是由关于自己的不健康信念引发的。感到伤心的人会将自己受到的不公平待遇或者冷遇合理化、个性化，并认为这说明了自己不惹人爱、毫无价值，或者不够好。

自我防御式愤怒

当你认为自尊受到威胁时，就会产生自我防御式愤怒。当有人批评你或者当你认为受到了批评时，就会产生自我防御式愤怒。这种反应属于防御和言语攻击的一种。你也许会因此退缩，并避免与让你感到生气的人接触。它之所以被称为自我防御式愤怒，是因为如果你确信自己受到批评了，你就会因为做出了以前绝不允许的行为而贬低自己。愤怒掩饰了自我责备的信念。能够激发自我防御式愤怒的一个信念就是："你绝对不应该批评我。你的批评提醒我，我是个失败者或者我不够好。"

常见的愤怒导火索

图 3—2 中列举了一部分常见的愤怒和敌意导火索，能帮助你弄明白哪些具体的问题会让你愤怒。要记住，导火索也许是你对自己的要求，也许是你对他人或生活的要求。在符合你的情况的导火索前打勾。

☐	不公正	☐	未被倾听
☐	不公平	☐	对……感到失望
☐	不一致	☐	某人未达到你的期望
☐	冷漠	☐	自尊或在社交圈中的地位受到打击
☐	偏见，在宗教、种族、性别、性取向等上	☐	批评
☐	被忽视	☐	隐瞒消息
☐	无礼	☐	侮辱性语言或辱骂
☐	不尊重	☐	生活中的麻烦，像交通堵塞，天气等
☐	交流时的语调或方式	☐	遭受损失
☐	犯错	☐	伤害感情
☐	不动脑筋	☐	身体受到威胁能力不足、悟性不高、不聪明
☐	羞辱、嘲讽、谴责	☐	个人空间遭到冒犯
☐	自己或亲人的健康出现问题	☐	失败和失望
☐	世间的烦恼和痛苦	☐	缺乏学术能力
☐	失控，指对感情、思想或行为等失去控制	☐	不了解某事
☐	身体和感情上的疼痛	☐	抛弃
☐	情绪问题，如焦虑和压抑	☐	懒惰
☐	撒谎	☐	其他（写下你自己的原因）

图 3—2　常见的愤怒导火索

我是愤怒还是恼怒了

愤怒的核心在于你拥有关于以下几个方面的不健康信念：

a. 经历挫折；
b. 你或者别人破坏了你的一些个人原则；
c. 自尊受到威胁。

这些不理智的信念不仅会让你愤怒，还会影响你的思考方式（认知结果）、行动或者行为倾向。比如，当你感到愤怒时，你也许会认为其他人故意表现恶毒，你还想对他们进行语言或身体上的攻击。

检查你的认知结果和行为倾向，评估一下你是否愤怒或恼怒了。浏览以下插图，弄清楚你是愤怒还是恼怒。生气时，将自己放在触发情境中很重要。当你的情绪未被触发时，你很容易认为自己没有不健康的想法和信念。想象你正处于触发情境中，然后弄清你是否感到愤怒或恼怒。

认知结果

愤怒

你夸大了他人行为的故意性。

认知结果

恼怒

你不会夸大他人行为的故意性。

认知结果

愤怒

你看到了他人行为中的恶毒意图。

认知结果

恼怒

你没有看到他人动机中有什么恶毒意图。

认知结果

愤怒

你认为自己绝对正确而他人则大错特错。

认知结果

恼怒

你不认为自己绝对正确，也不认为他人彻底错了。

认知结果

愤怒

你无视他人的观点。

认知结果

恼怒

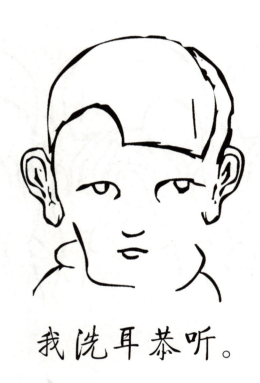

我洗耳恭听。

你愿意倾听他人的观点。

认知结果

愤怒

你密谋报复。

认知结果

恼怒

你不会密谋报复。

行为 / 行为倾向

愤怒

你对他人进行身体上的攻击。

行为 / 行为倾向

恼怒

你坚持自己的观点。

行为 / 行为倾向

愤怒

你对他人进行语言攻击。

行为 / 行为倾向

恼怒

你请求而不是要求其他人改变行为。

行为 / 行为倾向

愤怒

你对他人进行消极的攻击。

行为 / 行为倾向

恼怒

你不会对他人进行消极的攻击。

行为 / 行为倾向

愤怒

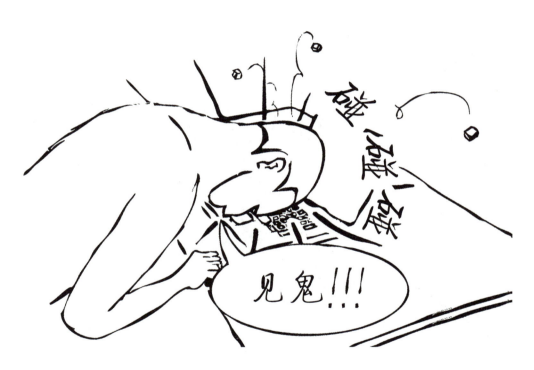

你把自己的情绪发泄到其他东西上。

行为 / 行为倾向

恼怒

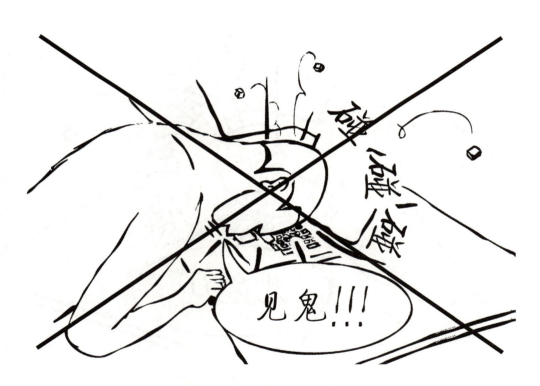

你不会将自己的情绪发泄到其他东西上。

行为 / 行为倾向

愤怒

你带有攻击性地摔门而去。

行为 / 行为倾向

恼怒

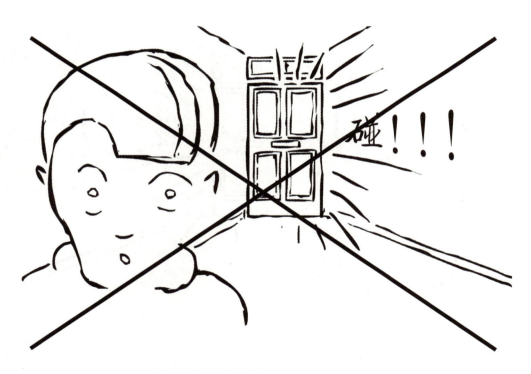

你不会带有攻击性地摔门而去。

行为 / 行为倾向

愤怒

你拉帮结派攻击他人。

行为 / 行为倾向

恼怒

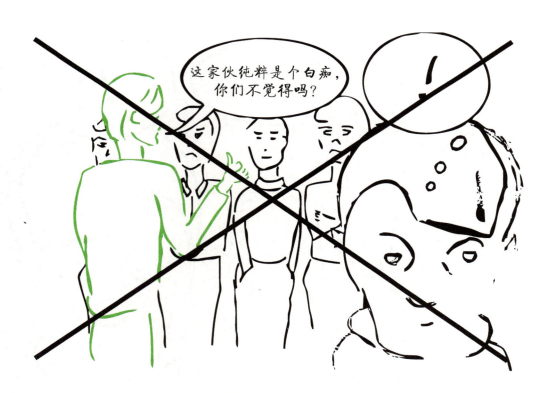

你不会拉帮结派攻击他人。

现在，你选择普通改变还是思维方式的改变

普通改变

　　步骤一：选择一个最让你愤怒的问题。

　　步骤二：识别愤怒带来的认知结果和行为倾向，根据插图，用自己的话写下来。
　　　　　　确保它们具体到你自己的情况。

　　步骤三：找到愤怒带来的认知结果和行为倾向，根据插图，用自己的话写下来。
　　　　　　确保它们具体到你自己的情况。

　　步骤四：确保你的思想和行为符合恼怒带来的认知结果和行为倾向。

　　步骤五：敦促自己反复练习，直到新的思考和行为方式变成本能。

小贴士：
如果一开始就让行为符合健康的恼怒方式比较难的话，那么你可以用几
周的时间来想象自己的行为方式很健康，然后再付诸实际。

思维方式的改变

　　记住，如果选择这种方式，那就千万不能心急，因为思维方式的改变就是要长
期改变你的不健康信念。

　　步骤一：识别不健康的信念。

　　步骤二：探讨不健康的信念。

　　步骤三：识别健康的信念。

　　步骤四：探讨健康的信念。

　　步骤五：强化健康的信念，弱化不健康的信念。

　　记住，愤怒是由一些不健康的信念引发的，包括关于遭受挫折、个人原则被违
背或自尊受到威胁时的信念。不健康的信念是由绝对主义的苛求信念组成，以"应

该"、"必须"、"需要"、"不得不"、"绝对应该"的说话方式表现出来，由此衍生了三种扭曲的信念，如图 3—3 所示。

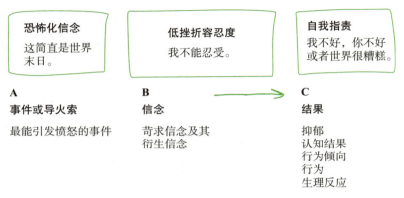

图 3—3　三种扭曲的信念

B 中不健康的苛求最能激发人的愤怒之情。它要么要求"绝对应该"，要么要求"绝对不应该"。

例如，如果最让你愤怒的事是被忽略，那么你的苛求就是"你绝对不该忽视我"。如果你最愤怒的事是未被公平对待，那么你的苛求就是"你绝对应该公平待我"。当苛求未得到满足时，就会产生三种衍生信念中的一种或者任意两种。

图 3—4 为一个例子。

图 3—4　扭曲的信念举例

步骤一

识别引发 愤怒的 不健康信念

a. 选择一个最让你愤怒的问题。

b. 利用常见的愤怒导火索图（图 3—2），找出最让你感到愤怒的事情。导火索可能不止一个，也就是说，引发愤怒的不健康信念不止一个。每次改变一个不健康的信念。

c. 以绝对应该的句式回答 b 的问题（参见前文）。

d. 识别三种衍生信念。（恐怖化信念、低挫折容忍度、自责信念。看看这些都意味着什么。）

这三种衍生信念可能同时存在两种或两种以上。识别这些衍生信念时，设想自己处于愤怒即将爆发的情景中。表 3—1 为几个实例。

表 3—1　　　　　　　　　　引发愤怒的不健康信念实例

例子	恐怖化信念	低挫折容忍度	自责 / 责备他人
你必须公平待我。你不能公平待我是可怕的，我不能忍受。这说明你是一个坏人。	√	√	√
你必须礼貌地和我说话，我不能忍受你对我说话不礼貌。		√	
我怎么对你，你就应该怎么对我。我不能忍受你不能以同样的方式对我，这很可怕。	√	√	
我必须总是做对事情。可怕的是，我最近总出错，我不能忍受这些。我又愚蠢，又没用。	√	√	√

步骤二

根据下列三种标准，看看自己的不健康信念是否合理。请牢记，不健康信念是由苛求信念及其衍生信念组成的。问问自己以下问题。

a. 它们是否现实可行？为什么？

b. 它们是否有意义？为什么？

c. 它们是否会产生有益的结果？为什么？

假设不健康的信念如图 3—5 所示。

苛求信念	恐怖化信念	低挫折容忍度	自我责备
你绝不应该用那种方式批评我。	你批评我的方式很可怕。	你批评我的方式让我难以忍受。	你批评我的方式证明你是一个恶毒的人。

1. 它们是否现实可行？为什么？
2. 它们是否有意义？为什么？
3. 它们是否会产生有益的结果？为什么？

图 3—5　探讨引发愤怒的不健康的信念举例

接下来，继续探讨你的不健康的或健康的信念。

识别引发恼怒的健康信念

a. 以偏好信念取代苛求，将不健康信念转化成健康信念。

b. 时刻否定自己的不健康要求。例如，"我想被公平对待，但不是绝对要被公平对待。"

c. 识别衍生信念。（反恐怖化信念、高挫折容忍度、接纳自我 / 他人 / 世界的信念。）表 3—2 和表 3—3 可作参考。

d. 偏好信念较为灵活，合乎情理，结果往往有益。

表 3—2　　　　　　　　　　　不健康的信念实例

不健康的信念	恐怖化信念	低挫折容忍度	自责 / 责备他人
你必须公平待我。你不能公平待我是可怕的，我不能忍受。这说明你是一个坏人。	√	√	√
你要礼貌地和我说话，我不能忍受你对我说话不礼貌。		√	
我怎么对你，你就应该怎么对我。我不能忍受你不能以同样的方式对我，这很可怕。	√	√	
我必须总是做对事情。可怕的是，我最近总出错，我不能忍受这些。我又愚蠢，又没用。	√	√	√

表 3—3　　　　　　　　　　　健康的信念实例

健康的信念	反恐怖化信念	高挫折容忍度	指责自己 / 他人
我更愿意你公平待我，但这不意味着我绝对应该得到你的公平对待。你不公平待我很糟糕但并不可怕，令人沮丧但并非不能忍受。它并不能证明你是一个坏人，尽管你的行为很不好。你和所有人一样都会犯错。	√	√	√

续前表

健康的信念	反恐怖化信念	高挫折容忍度	指责自己 / 他人
我更喜欢你礼貌地和我说话，但不是说你绝对应该对我礼貌。你不礼貌让我感觉受挫，但是我还能忍受。		√	
我更愿意你用我对你的方式对我，但没有哪条自然法则规定你绝对应该这样做。如果你不能以同样的方式对我，的确很糟糕，但并不可怕，这只会让我难过，但是我可以忍受。	√	√	
我希望总能做对事情，但是我能够接纳自己有时会犯错。做错了事情让我感到受挫，但并非不可忍受。它不意味着我愚蠢或者无用。我会犯错。我无条件接纳自己。	√	√	√

接下来，以一种健康的方式改写你的信念。

步骤四

探讨 ❓ 引发恼怒的健康信念

用讨论不健康信念的标准探讨你的健康信念，可以保证不偏不倚，也更能说服自己努力改变。

记住，健康信念是由偏好信念和三个衍生信念及其结合体构成的。根据图 3—5，问自己一些问题。

健康信念	反恐怖化信念	高挫折容忍度	自我接纳
如果你不用那种方式批评我，我会很高兴，但这不意味着你绝对不可以这样批评我。	你用那种方式批评我很糟糕，但并不可怕。	你批评我的方式让我难以接受，但并非不可忍受。	你批评我的方式不能证明你是个恶毒的人。你和所有人一样，都会犯错。

1. 它是否现实可行？为什么？

2. 它是否有意义？为什么？

3. 它是否会产生有益的结果？为什么？

小贴士：
记住，反恐怖化信念就是认为并不存在100%的坏事，因为事情永远没有人们想象的糟糕。

小贴士：
高挫折容忍度意味着你尚未崩溃。

小贴士：
接纳自我/他人不应基于某些条件。人类本身并不完美。

图 3—5　探讨引发恼怒的健康信念

接下来，探讨健康的信念及其衍生信念。

步骤五

强化引发恼怒的健康信念

弱化引发 愤怒的 不健康信念

要将引发愤怒的信念转化为引发恼怒的信念，就要在思考问题时遵循健康的信念，行事时采取建设性的行动。下述内容呈现了恼怒的思维方式（认知结果）和行为倾向。可见，建设性的行动取决于恼怒的行为倾向。

- **敦促**自己遵循健康信念的方式思考、行动，直到情绪状态由愤怒变为恼怒。
- 记住，采取新的思维和行动方式在开始时可能会让你感到不适应，这都是正常现象，因为你在改变旧有的不健康的思维习惯和愤怒行为，需要强迫自己反复练习几个星期。
- 你为自己设定的目标应具有挑战性，但是也不能遥不可及，否则难以实现目标。
- 设想类似场景，自己模拟如何以健康信念的方式思考和行动，直到确定自己准备好了面对现实的挑战。例如，想象自己处于愤怒触发情境中时，你依然坚定自信，而不是变得具有攻击性，这就是一个良好的开始。当遇到实际情况时，你需要采取行动，果断出击。你需要保持这种果断性，直到达到有效沟通的目的。
- 每天，尤其是你要爆发时，在脑海里回放健康的信念。这种预演会让你在真正面对类似情景时，知道该如何去做。
- 一旦实现了心中的目标，要做的就是继续保持健康的思维和行为。例如，如果你在给定的情境中能够达成目标，那么以后就要继续坚持这种方式。
- 回顾每次面对挑战时你是如何做的，是不是可以改进，下次做得更好。不要苛求完美。从愤怒到恼怒的转变过程会让人不舒服，情绪不稳定。有时候，你进步神速，但有时候，你可能会裹足不前，甚至退步。重要的是，认清现实，将注意力转移到你可以做什么上来，然后坚持下去。
- 记住，你无法一夜之间就学会开车、骑自行车或阅读，需要持之以恒的练习和付出。

应对愤怒的技巧

- 停下来想一想。当你出现了愤怒的苗头时，立即停下来思考片刻。在脑海中重复健康的信念。这会提醒你用健康的方式来思考。

- 当你感到极其愤怒时，要及时摆脱让你愤怒的环境。例如，如果你极其愤怒，想要对某人大打出手，就赶快离开那种环境。坐下来，找出你的不健康信念，然后改变它。

- 解决冲突或者未能解决的问题。从长期来说，这也对你有益。当然首先需要经历改变的过程。

- 要恰当地表达你的情感。当你感到受挫或者恼怒的时候，一定要控制住你的情感，告诉人们 "……让我感到恼怒、受挫……" 千万不要说 "你太让我愤怒了"，或者 "你太粗鲁了"。说话要缓慢清晰，要请求对方，而不是要求对方。这样一来，你的话更有可能被对方听进去。

- 健康的沟通技巧将有助于你理解，使沟通畅通无阻。即使你不同意，也要听听其他人的观点。毫无根据的猜测只会无事生非。

第4章

让自我反省成为一种习惯

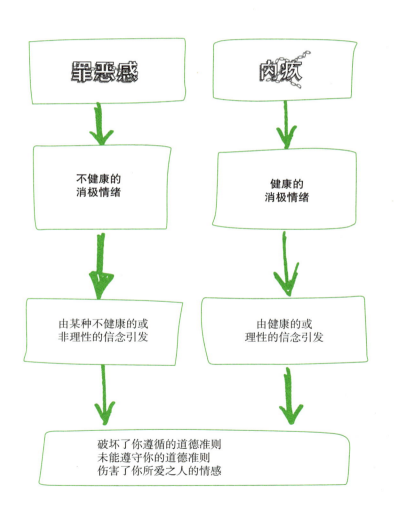

我们会关注一些生活中常见的与罪恶感相关的问题。罪恶感是一种不健康的消极情绪。我们都曾有过。如果关于道德准则你有不健康的信念，那么当你违背了这些信念时，你就会产生罪恶感。

罪恶感

一般而言，罪恶感只是一种秘而不宣的感觉，除了你无人知晓。罪恶感具有以下几个特点：

a. 我在道德上犯错了。

b. 我绝对不应该做出这种错误的行为。

c. 因为做了这件事，所以我是一个坏人。

当你有罪恶感时，你要为这种道德错误负起责任。告诉自己这么做不是一件坏事，然后继续严厉地批评自我，而不要考虑犯下这种"罪行"的环境如何。以这种方式负起责任就是自我批评。

内疚通常是由以下的心态引发的。

a. 我犯了道德错误。

b. 但愿我没有做那件错事。

c. 我承认我做了一些违背道德的事情。

d. 我是个会犯错的人。

e. 我在当时的情境下做了那件错事。

f. 如果可能或有适当的机会，我想弥补过失，求得谅解。

内疚的时候，要承担责任，但不要自责。当你感到内疚时，你要接纳自己的不完美，找到补偿措施。这并不意味着放纵自我，而是说在大多数（并非全部）情境下，当涉及均衡和公平的时候，需要考虑其他的一些紧张性刺激因素。

例如，如果你仅仅探望过住院的友人一次，你也许会产生罪恶感，但你并未考虑到自己是因为工作的要求不得不加班加点干活的客观因素。内疚的时候，需要考虑一些其他的因素。

　　有时候你也许无法做出补偿，也难以请求所得罪之人的谅解。这也许是因为那个人已经去世，或者他中断了和你的一切联系。如果你遇到了这种事或者类似的情况，那么你需要原谅自己。没有人是完美的，我们都会犯错。要让自己摆脱罪恶感，很重要的一点就是，要从这样的经验中吸取教训，接纳自己会犯错的事实。

　　罪恶感往往是因为某些具体的行为或者没有采取行动而导致的。当你意识到你的幸福和其他人的幸福之间存在差异时，你也会产生罪恶感，有时这被称为"存在主义罪恶感"。例如，"我是个坏人，因为我比我的兄弟过得更好，我绝对不应该比他过得好。"

　　一般情况下，我们的家庭、宗教信仰、文化背景和所处的社会给我们提供了道德指南。如果我们信奉道德规则但却违反了道德规则，我们就会产生罪恶感。

常见的罪恶感导火索

　　图 4—1 中列举了部分常见的罪恶感导火索，在你认为符合自己情况的导火索前打勾。

☐ 做错事	☐ 让某个重要的人失望
☐ 保密	☐ 秘密的行为
☐ 想到你做错的事情	☐ 生某人的气
☐ 被提醒过去的坏行为	☐ 伤害某个你在乎的人
☐ 打破你的道德规则	☐ 犯罪
☐ 撒谎	☐ 经常迟到
☐ 对某人的不幸而感到幸灾乐祸	☐ 与重要的人失去联系
☐ 失败	☐ 行为不负责任
☐ 背信弃义	☐ 感到愉悦，包括性愉悦
☐ 快乐或者感觉良好	☐ 有助手，如清洁工、园丁等
☐ 花钱或购物	☐ 打情骂俏
☐ 考虑犯罪或者耽于幻想	☐ 其他（写下你自己的原因）

图 4—1　常见的罪恶感导火索

我有罪恶感还是感到内疚

罪恶感是由关于某个事实的不健康信念激发的，如果你违反了自己的道德准则，或者伤害了生命中重要的人。

这些不健康信念不仅会让你产生罪恶感，还会影响你的思考方式（认知结果）以及想要做的事情（行为倾向）。比如，当你产生罪恶感时，你满脑子想的也许都是"我是一个坏人"，你想惩罚自己。检查你的认知结果和行为倾向，评估你是否有罪恶感或感到内疚。

浏览一下认知结果和行为倾向插图，弄清楚你是否有罪恶感或心生内疚。当你产生罪恶感时，将自己放在触发情境中很重要。当你的情绪未被触发，或当你未考虑到自己行为失检时，你很容易认为自己没有不健康的想法和信念。想象你正处于触发情境中或拥有那种可触发情绪的心态，看清你的情绪是否健康，了解你是有罪恶感还是感到内疚。

认知结果

罪恶感

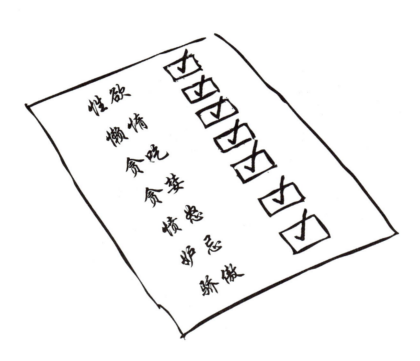

你认定自己确实有罪过。

认知结果

内疚

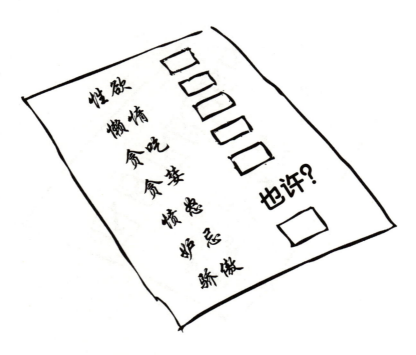

你会把行为放在具体的环境中来考量，以此评判你是否有罪过。

认知结果

罪恶感

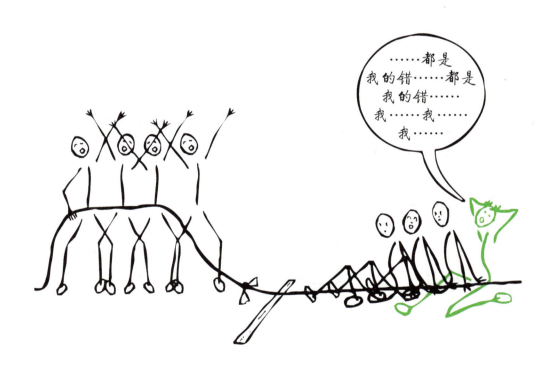

你认定更多的责任在于人，而不是推脱给环境。

认知结果

内疚

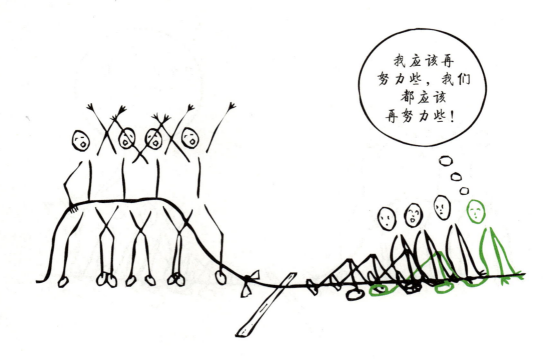

你认定应该合理承担一部分责任。

认知结果

罪恶感

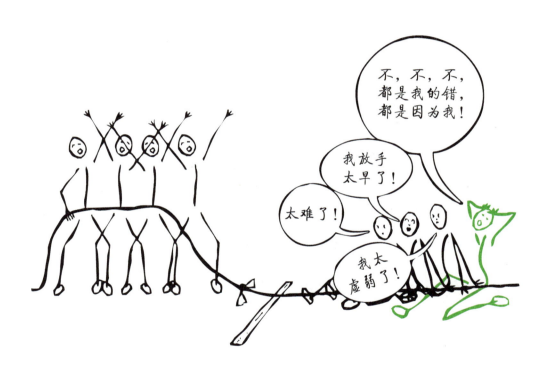

你认为他人几乎没有什么责任，远远少于他们应该承担的责任。

认知结果

内疚

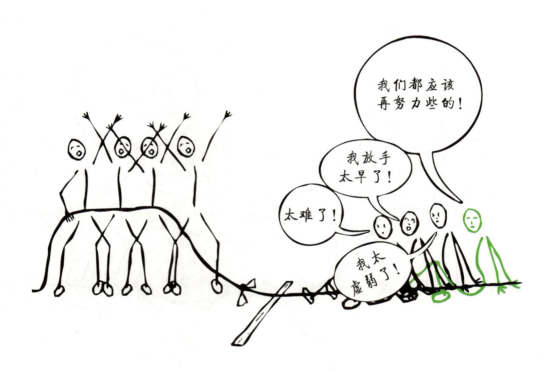

你认为他人也应该合理地承担一部分责任。

认知结果

罪恶感

你没有考虑减罪因素。

认知结果

内疚

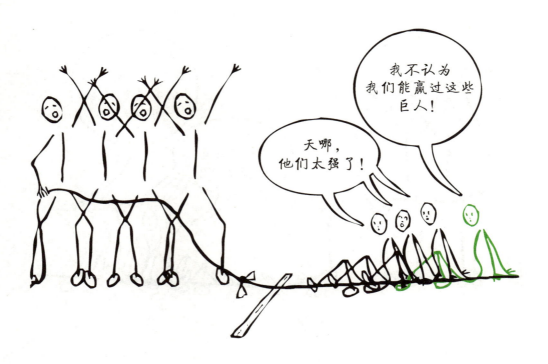

你考虑了减罪因素。

认知结果

罪恶感

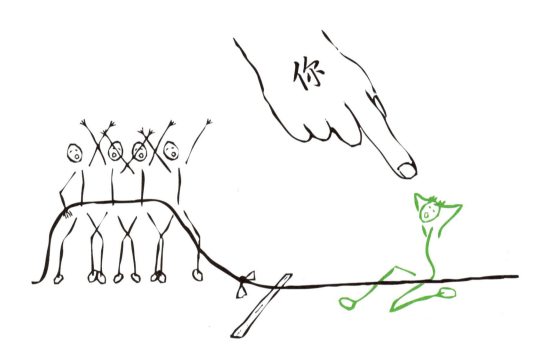

你认为你会受到惩罚。

认知结果

内疚

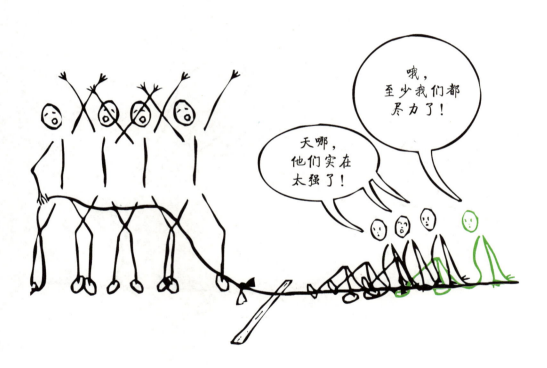

你不认为你会受到惩罚。

行为 / 行为倾向

罪恶感

你试图用自我保护的方式逃避那些不健康的罪恶感。

133

行为 / 行为倾向

内疚

做了错事之后，你直面健康的痛苦。

行为 / 行为倾向

罪恶感

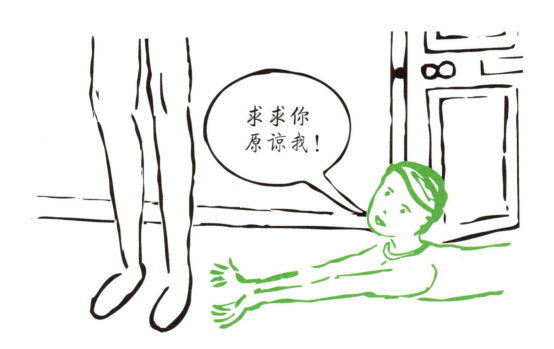

你乞求当事人的谅解。

行为 / 行为倾向

内疚

你请求而不是乞求当事人的谅解。

行为 / 行为倾向

罪恶感

你不切实际地承诺再也不会犯错。

行为 / 行为倾向

内疚

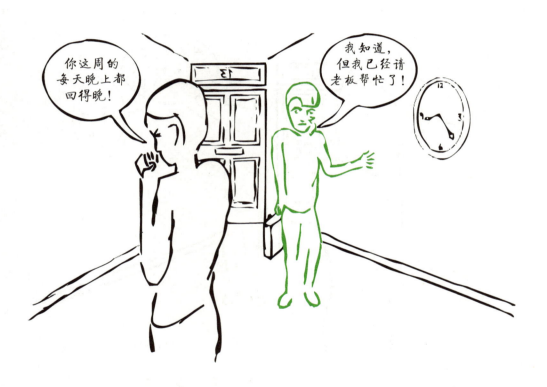

你知道做错的原因，表现出对自己的谅解。

行为 / 行为倾向

罪恶感

你体罚自己或者剥夺某物。

行为 / 行为倾向

内疚

你通过处罚自己来弥补过失。

行为 / 行为倾向

罪恶感

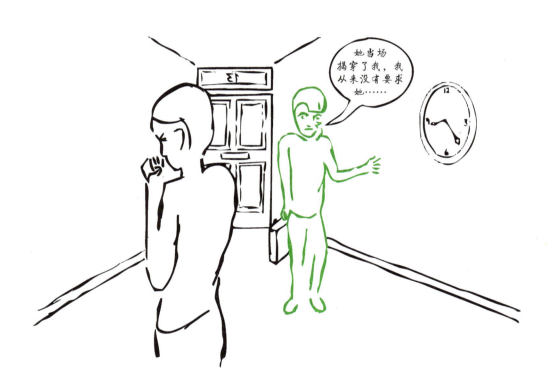

你拒绝为自己的过失负责。

行为 / 行为倾向

内疚

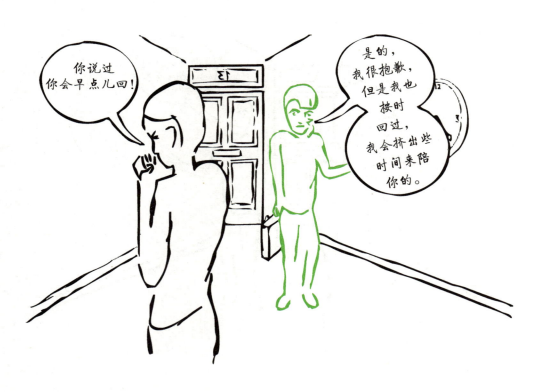

你做出了合理的补偿。

行为 / 行为倾向

罪恶感

你倾向于为自己的行为找借口，或者显出了其他保护性姿态。

行为 / 行为倾向

内疚

你不会为自己的行为寻找借口，或者显出其他的保护性姿态。

现在，你选择普通改变，还是思维方式的改变

普通改变

步骤一：选择一个最能让你产生罪恶感的问题。

步骤二：识别罪恶感带来的认知结果和行为倾向，根据插图，用自己的话写下来。确保它们具体到你自己。

步骤三：找到内疚带来的认知结果和行为倾向，根据插图，用自己的话写下来。确保它们具体到你自己。

步骤四：确保你的思想和行为符合内疚的认知结果和行为倾向。

步骤五：敦促自己反复练习，直到将新的思考和行为方式变成本能。

> **小贴士：**
> 如果一开始就让行为符合健康的内疚方式比较难的话，那么你可以用几周的时间来想象自己的行为方式很健康，然后再付诸实际。

思维方式的改变

记住，如果选择这种方式，那就千万不能心急，因为思维方式的改变就是要长期改变你的不健康信念。

步骤一：识别不健康的信念。

步骤二：探讨不健康的信念。

步骤三：识别健康的信念。

步骤四：探讨健康的信念。

步骤五：强化健康的信念，弱化不健康的信念。

记住，罪恶感是由一些不健康的信念引发的，包括关于违背道德、未能达到期望、伤害了重要之人的感情的信念。不健康的信念是由绝对主义的苛求信念组成，

以"应该"、"必须"、"需要"、"不得不"、"绝对应该"的形式出现，由此衍生了三种扭曲信念，如图 4—2 所示。

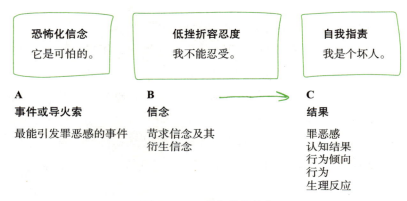

图 4—2　三种扭曲的信念

B 中不健康的苛求最能激发人产生罪恶感。它要么要求"绝对应该"，要么要求"绝对不应该"。

例如，如果最能让你产生罪恶感的事是背信弃义，那么你的苛求信念就是"我绝对应该保持忠诚"，或者"我绝对不应该不忠"。如果你最有罪恶感的是做事没有担当，那么你的苛求信念就是"我行事绝对要有责任感"。当苛求信念未得到满足时，就会产生三种衍生信念中的一种或者两种。

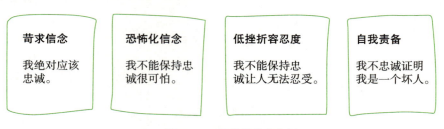

图 4—3　扭曲的信念实例

步骤一

识别引发罪恶感的不健康信念

a. 选择一个最能让你产生罪恶感的问题。

b. 利用常见的罪恶感导火索图（图 4—1），找到最能让你产生罪恶感的事情。导火索可能不止一个，也就是说，引发罪恶感的不健康信念不止一个。每次改变一个不健康的信念。

c. 以"绝对应该"的句式回答 b 的问题。

d. 识别三种衍生信念。（恐怖化信念、低挫折容忍度、自责信念，看看这些都意味着什么。）

这三种衍生信念可能同时存在两种或两种以上。识别这些衍生信念时，设想自己处于即将产生罪恶感的情景。表 4—1 为几个实例。

表 4—1　　　　　　　　　识别引发罪恶感的不健康信念实例

例子	恐怖化信念	低挫折容忍度	自责 / 责备他人
我不应该让人们失望，否则就是可怕的。我不能忍受让人们失望，否则我就是个坏人。	√	√	√
我绝对应该忠于我的伴侣，我不忠诚证明我是个可怕的坏人。			√
我做事应该负责任；行事不负责任是恶劣的、不能容忍的。我是个坏人。	√	√	√
我必须说到做到。说了的做不到让人无法忍受，那意味着我这个人不够好。		√	√

步骤二

探讨引发罪恶感的不健康信念

运用下列三种标准，看看自己的不健康信念是否合理。记住，不健康信念是由苛求信念及其衍生信念组成的。问问自己以下问题。

a. 它们是否现实可行？为什么？

b. 它们是否有意义？为什么？

c. 它们是否会产生有益的结果？为什么？

假设不健康信念如图 4—4 所示。

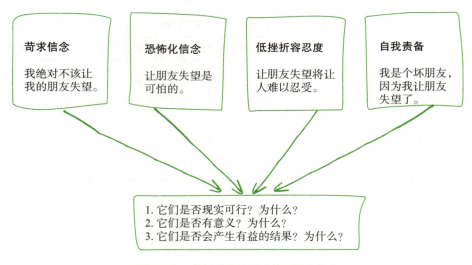

苛求信念

我绝对不该让我的朋友失望。

恐怖化信念

让朋友失望是可怕的。

低挫折容忍度

让朋友失望将让人难以忍受。

自我责备

我是个坏朋友，因为我让朋友失望了。

1. 它们是否现实可行？为什么？
2. 它们是否有意义？为什么？
3. 它们是否会产生有益的结果？为什么？

图 4—4　探讨引发罪恶感的不健康信念

接下来，继续探讨你的不健康的或健康的信念。

步骤三

识别引发内疚的健康信念

a 以偏好信念取代苛求，将不健康信念转化成健康信念。

b. 时刻否定自己的不健康要求。例如，"我愿意说到做到，但是也有不得已的时候。"

c. 识别衍生信念。（反恐怖化信念、高挫折容忍度、接纳自我/他人/世界的信念。）表 4—2 和表 4—3 可做参考。

d. 偏好信念较为灵活，合乎情理，结果往往有益。

表 4—2 不健康的信念举例

不健康的信念	恐怖化信念	低挫折容忍度	自责/责备他人
我绝对不应该让人们失望。我不能忍受让人们失望，那是可怕的，说明我是个坏人。	√	√	√
我绝对应该忠诚于我的伴侣，不忠诚证明我是个可怕的坏人。			√
我做事应该负责任，行事不负责任是可怕的、让人不能容忍的，说明我是个坏人。	√	√	√
我必须说到做到，说了的做不到让人无法忍受，那意味着我这个人不够好。		√	√

表 4—3 健康的信念举例

健康的信念	反恐怖化信念	高挫折容忍度	指责自己/他人
我不愿意让人们失望，但是这不意味着我绝对不可以让人们失望。我让人失望的确不好，但是也不可怕。这的确让人难过，但是还可以忍受。它也不意味着我是个坏人，我接纳自己，我就是个会犯错的人。我会改正，并从中吸取教训。	√	√	√

续前表

健康的信念	反恐怖化信念	高挫折容忍度	指责自己 / 他人
我希望保持对伴侣的忠诚，但这并不意味着我就绝对不可以对伴侣不忠。做的不对不代表我是个坏人。我并不完美。我会改正，做正确的事，并从中吸取教训。			√
我一直愿意负责任地行事，但这不意味着我做任何事都必须负责。行事不负责任当然不够好，但是并不可怕；让人难过，不过还可以忍受。不能因此就给我贴上'坏人'的标签，只能说我是个会犯错的人。我会纠正错误，并从中吸取教训。	√	√	√
我愿意怎么说就怎么做，但这不是必须的。未能说到做到的确让人难过，但是我还可以忍受。它不代表我不够好。我并不完美。我会改正，道歉，并做出正确的事情。		√	√

接下来，以一种健康的方式改写你的信念。

步骤四

探讨❓引发内疚的健康信念

用讨论不健康信念的标准探讨你的健康信念，这样可以保证不偏不倚，也更能说服自己努力改变。

健康的信念是由偏好信念和三个衍生信念及其结合体构成的。根据图4—5，问自己一些问题。

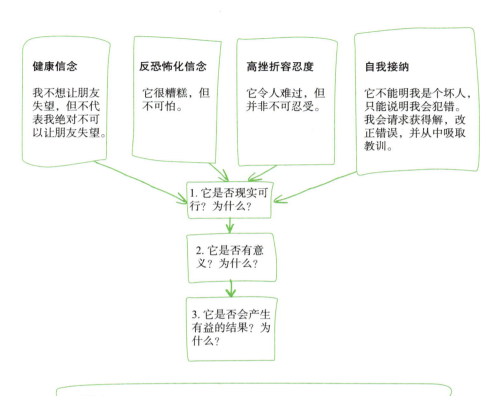

健康信念

我不想让朋友失望，但不代表我绝对不可以让朋友失望。

反恐怖化信念

它很糟糕，但不可怕。

高挫折容忍度

它令人难过，但并非不可忍受。

自我接纳

它不能明我是个坏人，只能说明我会犯错。我会请求获得解，改正错误，并从中吸取教训。

1. 它是否现实可行？为什么？

2. 它是否有意义？为什么？

3. 它是否会产生有益的结果？为什么？

小贴士：
记住，反恐怖化信念就是认为并不存在100%的坏事，因为事情永远没有人们想象的糟糕。

小贴士：
高挫折容忍度意味着你尚未崩溃。

小贴士：
接纳自我或他人不应该基于某些条件。人类本身并不完美。

图 4—5　探讨引发内疚的健康的信念

接下来，探讨健康的信念及其衍生信念。

步骤五

强化引发内疚的 健康信念
弱化引发罪恶感的不健康信念

　　要将引发罪恶感的信念转化为引发内疚的健康信念，就要在思考问题时和健康的信念保持一致，行事时采取建设性的行动。下述内容呈现了内疚的思维方式（认知结果）和行为倾向。可见，有建设性的行动取决于内疚的行为倾向。

- 反复要求自己遵循健康信念的方式思考、行动，直到情绪状态由罪恶感变为内疚。
- 记住，罪恶感是会改变的——你采取的新的思维方式和行动在开始时可能会让你感到不适应，这都是正常现象。你在改变旧的不健康的思维习惯和会产生罪恶感的行为，需要敦促自己反复练习几个星期。
- 你为自己设定的目标一定要具有挑战性，但是也不能太遥不可及，否则难以实现目标。
- 设想类似场景，自己模拟如何以健康信念的方式思考和行动，直到确定自己准备好了面对现实的挑战。例如，想象自己去请求原谅或改正错误就是个良好的开始，但是有时候你需要真正去付诸行动。
- 每天，尤其是你要爆发时，在脑海里回放健康的信念。这种预演会让你在真正面对类似情景时，知道该如何去做。
- 一旦实现了心中的目标，要做的就是保持健康的思维和行为。这意味你要时刻牢记内疚的思维方式。
- 回顾每次面对挑战时你是如何做的，是不是可以改进，做得更好。不要苛求完美。从罪恶感到内疚的转变过程会让人不舒服，情绪不稳定。有时候，你进步神速，但有时候，你可能裹足不前，甚至退步。重要的是认清事实，将注意力转移到你可以做什么上，然后坚持下去。

- 记住，你无法一夜间就学会开车、骑自行车或者阅读，需要持之以恒地练习和不断付出。

应对罪恶感的技巧

- 牢记你的价值以及你在生活中想要秉持的道德准则。关于自我的价值信念不要过于刻板。毕竟，人无完人。
- 行事要负责任，要敢于认错，然后去请求原谅，改正错误，并从中吸取教训。
- 如果没有机会请求原谅或者弥补过失，就要原谅自己，接纳自己是个会犯错的人，并且已经做了错事。要从错误中吸取教训。
- 让自我反省成为一种习惯。
- 保持工作与生活的良好平衡，确保有时间自我反省。

第5章

他人对你的评价无法决定你的价值

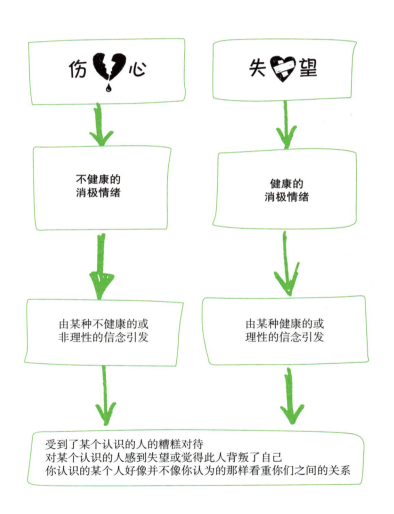

我们会关注最常见的伤心导火索。在重要的关系当中，伤心的感觉会强烈些，如亲人之间、亲密关系中、朋友之间或者工作关系中。陌生人通常不会让人伤心，尽管也可能发生。伤心的主题无非就是在意、爱和关心。

伤心

在不同的关系当中，你的伤心程度会不一样，因为你对每种关系中应该被如何对待有不同的期望值。如果某个亲密的朋友邀请另外一位共同的朋友一起去度假，却没有邀请你，你会感到伤心。然而，如果你的经理请另外一位同事，而不是你负责某个项目，你则不会伤心，你反而会感到如释重负。

伤心时，有人除了伤心还会感受到许多不同的情绪，但有些人则会明显感觉到很伤心。在第 3 章中，我们提到了"愤怒式伤心"。当你责备某个对你很糟糕的人时，你通常会感到愤怒。当你责备自己的时候，你通常会觉得很伤心。即使没有谴责他人或者自己，当你感到自己受到的待遇糟糕得难以容忍时，你也会产生"愤怒式伤心"。

我们在临床实践中发现，当你因他人对你很差劲而贬低他人时，你同时也贬低了自己，此时你会感到"愤怒式伤心"，因为你觉得他人之所以如此待你，是因为你不值得他人好好对待或者你不讨人喜欢。

愤怒式伤心实例

1. 你真不该对我这么糟糕。你是个不顾及他人的坏人。
2. 你真不该对我这么糟糕。你证明了一个事实，我就是不讨人喜欢。

第一个不好的信念导致了愤怒，第二个不好的信念则引发了伤心。

与伤心有关的信念是"我不应该得到这么糟糕的待遇"。应不应该得到什么，纯粹是主观上的信念。"应得"的思想基于互惠主义。如果我对某人很好，且考虑周全，那么我也应该得到同等的待遇。不幸的是，不存在这样的"宇宙法则"。人和生活并不是以这样的方式在运转。如果我们总是考虑周详、体贴入微，并且彼此关心，这自然很好，但遗憾的是，现实并非如此。更有利于我们的信念应该是："即使我们对某人很好，哪怕我们再渴望得到相同的回馈，也不意味着一定会得到。"

伤心的元情绪

元情绪就是关于情绪问题的情绪问题。例如，你可能会因伤心而感到焦虑、沮丧，会因为伤心而迁怒自己，因为伤心而感到羞愧或者尴尬。你可以问自己"当我伤心的时候感觉如何"，由此就可以知道你是否有一种伤心的元情绪。

因伤心而焦虑

伤心时感到焦虑源于一种不好的信念，即"我不可以伤心，因为伤心是糟糕的，难以忍受的，或者伤心证明了我一无是处（抑或是其他形式的自我谴责）。你可能同时拥有这三种衍生信念或者其中的任意两种。如果你伤心时感到焦虑，那么你在解决伤心这种情绪的同时，也要处理焦虑感。如果你想先对付焦虑感，那么你可以返回查阅第 1 章的内容。

因伤心而抑郁

伤心时导致抑郁的不好信念是"我真不应该感到伤心"，或者"我真不应该又伤心了"，又或者是"我真不应该放纵自己又感到伤心"，"伤心是可怕的，难以忍受的"，"伤心证明了我是一个失败者"（或者其他形式的自我贬低信念）。可能会产生这三种衍生信念或者其中的两种。如果伤心会让你感到抑郁，那么你需要处理这些抑郁感，如同你解决伤心的感情一样。如果你想先处理这些抑郁感，你可以返回查阅第 2 章的内容。

因伤心而愤怒

伤心时的自我愤怒感源于这样的不健康信念："我真不应该感到伤心。""我真不应该放纵自己又感到伤心。""伤心是可怕的，难以忍受的"。"伤心证明了我是一个弱者。"（或者其他形式的自我贬低信念。）你可能同时存在这三种衍生信念或者其中的两种。如果你为自己伤心而感到愤怒，那么你需要消除这些愤怒感，如同你摆脱伤心一样。如果你想先消掉愤怒感，可以返回查阅第 3 章的内容。

因伤心而羞愧

导致对伤心感到羞愧或者尴尬的不健康信念是："不能因为伤心让我周围的人认为我是个白痴。""不可以因为我又一次感到伤心而让我周围的人对我产生负面评价。""不可以因为我再次允许自己伤心而让我周围的人对我产生负面评价。""来自熟人的负面评价是可怕的，我不能忍受。""伤心证明了他们是对的，我就是个白痴。"（或者其他形式的自我贬低信念。）你可能同时存在这三种衍生情绪或者其中两种。如果你觉得自身令人羞愧的事情被揭露了，这种不好的信念就会引发羞愧与尴尬。如果你因为自己的伤心而感到羞愧，那么你需要解决这些羞愧感，如同你对付伤心一样。如果你想先处理羞愧感，可以参考第 7 章的内容。

常见的伤心导火索

图 5—1 中列举了部分常见的伤心导火索，在符合你的情况的导火索前打勾。

☐ 受到侮辱	☐ 违背诺言
☐ 被人冒犯	☐ 遭到拒绝
☐ 失望	☐ 被排挤
☐ 遭到背叛	☐ 被忽视
☐ 遭受恶劣待遇	☐ 缺少关怀
☐ 他人对自己麻木不仁	☐ 缺乏关注
☐ 未被倾听	☐ 被解雇
☐ 在某人心里未被放在第一位	☐ 不顾及他人
☐ 对某人而言不是最重要的那个人	☐ 未得到与他人同等的对待
☐ 其他重要的人的言辞	☐ 缺乏互惠
☐ 其他（写下你自己的原因）	

图 5—1　常见的伤心导火索

我伤心还是失望

伤心感觉的要害在于，相信自己得到的待遇很糟糕，感到失望或者遭到某人背叛（你认为自己不应该遭受这些），又或者是你误认为某人不像你认为的那样看重你们之间的关系。引发伤心的不健康信念会影响思考方式（认知结果）、行为方式或者行为倾向。例如，当你感到伤心的时候，你满脑子想的都是他人对你很恶劣，或者其他人是多么不在乎你。对于待你不好的人，你可能不再与他们交流，或是去指责他们的做法，而不是告诉他们是什么让你感到伤心。

检查你的认知结果和行为倾向，评估一下你是否感到伤心或者失望。浏览以下插图，弄清你是感到伤心还是失望。当你感到伤心时，将自己置于触发情境中很重要。当你未被触发或者当你远离那个能让你伤心的人时，你很容易认为自己没有不健康的想法和信念。想象一下你自己与某个人之间产生了问题，想象一下你感到情绪痛苦的时刻。弄清楚痛苦是否就是伤心或者失望。

认知结果

伤心

你高估了他人行为的不公平性。

认知结果

失望

你对于他人行为不公的看法比较现实。

认知结果

伤心

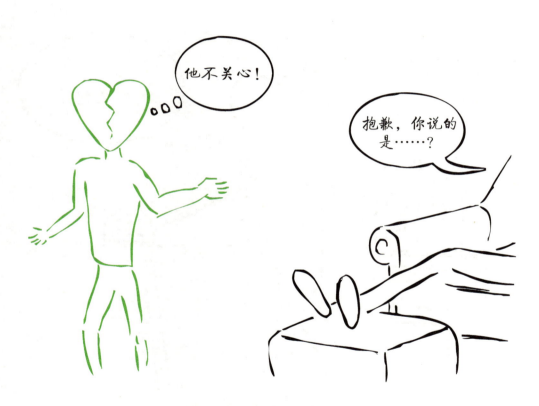

你认为他人漠不关心或者心不在焉。

认知结果

伤心

你认为他人举止恶劣，而不只是漠不关心或者心不在焉。

认知结果

伤心

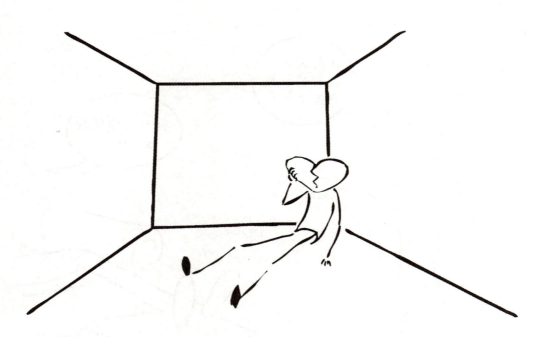

你认为自己孤独寂寞、无人关心，还被人误解。

认知结果

失望

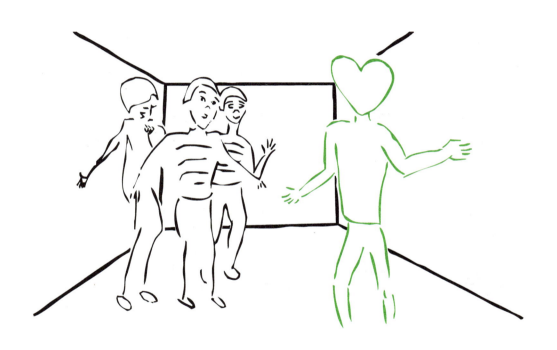

你不认为自己孤独寂寞或者无人关心。

认知结果

伤心

你很容易想起过去的伤心事。

认知结果

失望

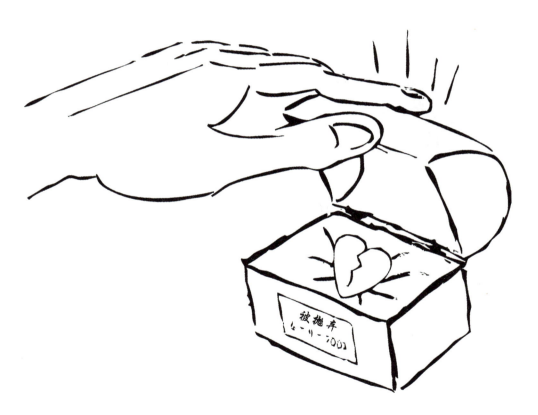

你很少回想伤心往事。

认知结果

伤心

你认为别人应该先把事情办好。

认知结果

失望

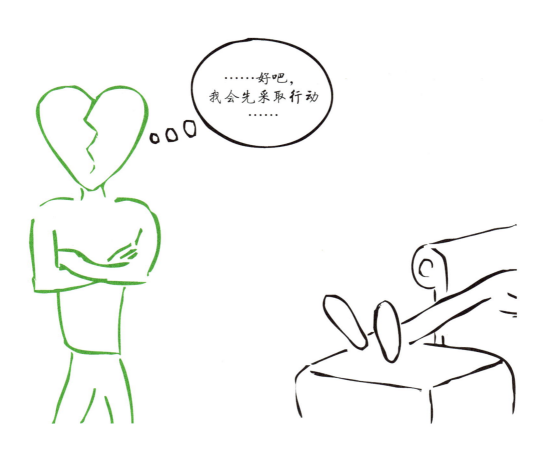

你不认为别人一定要先采取行动。

行为 / 行为倾向

伤心

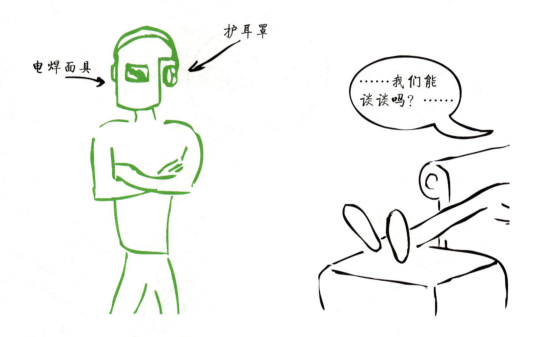

你封锁了一切与他人沟通的通道。

行为 / 行为倾向

失望

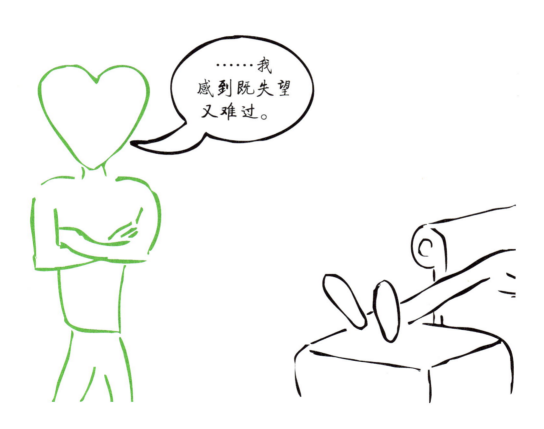

你能够坦率地告诉他人你的感觉。

行为 / 行为倾向

伤心

你指责他人，却并未讲明你为什么会感到受伤。

行为 / 行为倾向

失望

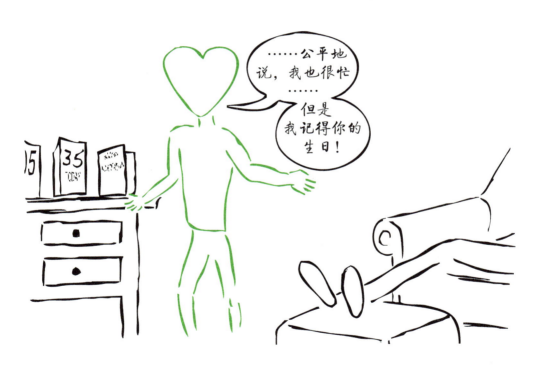

你会改变他人，使其行事更公平些。

现在，你选择普通改变还是思维方式的改变

普通改变

步骤一：选择一个最让你伤心的问题。

步骤二：确定你的伤心认知结果和行为倾向，参考插图，用自己的话写下来。确保它们具体到你个人。

步骤三：确定你的失望认知结果和行为倾向，参考插图，用自己的话写下来。确保它们具体到你个人。

步骤四：确保你的思想和行为符合健康的失望认知结果和行为倾向。

步骤五：敦促自己不断重复练习，直到新的思想和行为变成你的本能。

> **小贴士：**
> 如果一开始就让行为符合健康的失望方式比较难的话，那么你可以用几周的时间来想象自己的行为方式很健康，然后再付诸实际。

思维方式的改变

记住，如果选择这种方式，那就千万不能心急，因为思维方式的改变就是要长期改变你的不健康信念。

步骤一：识别不健康的信念。

步骤二：探讨不健康的信念。

步骤三：识别健康的信念。

步骤四：探讨健康的信念。

步骤五：强化健康的信念，弱化不健康的信念。

记住，伤心是由一些不健康的信念引发的，包括被恶劣对待、失望或者遭到某人背叛（你认为自己不该遭受这些），以及／或者你认为某人好像不如你认为的那

样重视你们之间的关系，这些方面的不健康信念都会引发伤心。

　　不健康的信念是由绝对主义的苛求信念组成，以"应该"、"必须"、"需要"、"不得不"、"绝对应该"的形式出现，由此衍生了三种扭曲的信念，如图 5—2 所示。

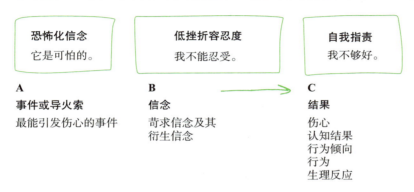

恐怖化信念
它是可怕的。

低挫折容忍度
我不能忍受。

自我指责
我不够好。

A
事件或导火索
最能引发伤心的事件

B
信念
苛求信念及其
衍生信念

C
结果
伤心
认知结果
行为倾向
行为
生理反应

图 5—2　三种扭曲的信念

　　B 中不健康的苛求能激发人的伤心情绪。它要么要求"绝对应该"，要么要求"绝对不应该"。

　　例如，如果对方与你说话时表情冷漠最让你感到伤心，那么你的苛求信念就是"别人对我说话绝对应该有礼貌"，或者是"别人绝对不可以这样面无表情地和我说话"。当苛求信念未被满足时，就会产生三种衍生信念中的一种或者两种（见图 5—3 ）。

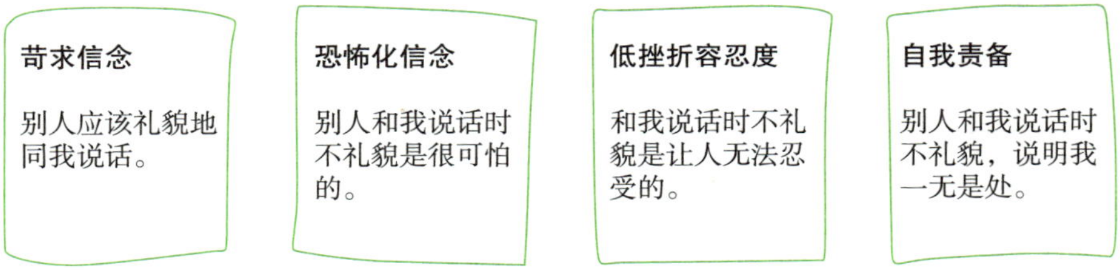

苛求信念

别人应该礼貌地
同我说话。

恐怖化信念

别人和我说话时
不礼貌是很可怕
的。

低挫折容忍度

和我说话时不礼
貌是让人无法忍
受的。

自我责备

别人和我说话时
不礼貌，说明我
一无是处。

图 5—3　三种衍生信念实例

175

步骤一

识别引发伤心的不健康信念

a. 选择一个最能让你伤心的问题。

b. 利用常见的伤心导火索图（图 5—1），找到最让你感到伤心的事情。导火索可能不止一个，也就是说，引发伤心的不健康信念不止一个。每次改变一个不健康信念。

c. 以"绝对应该"的句式回答 b 的问题。

d. 识别出三种衍生信念。（恐怖化信念、低挫折容忍度、自责信念，看看这些信念都意味着什么。）

这三种衍生信念可能同时存在两种或两种以上。识别这些衍生信念时，设想自己处于即将产生罪恶感的情景。表 5—1 为几个实例。

表 5—1 　　　　　　　　　　引发伤心的不健康信念实例

例子	恐怖化	低挫折容忍度	自责 / 责备他人
我的朋友和我说话时，绝对应该尊重我。我不能忍受他们不尊重我，这只能说明我很没用。	√	√	√
我绝对应该是最先被考虑的，如果不是，说明我不惹人爱。		√	√
我绝对不应该对朋友感到伤心，我无法忍受自己对朋友感到伤心，伤心证明了我一无是处。		√	√
他绝对不应该背叛我。背叛是可怕的，我无法忍受。遭到背叛说明我不讨人喜欢。	√	√	√

步骤二

探讨?引发伤♥心的不健康信♟念

利用下列三种标准，看看自己的不健康信念是否合理。记住，不健康信念是由苛求信念及其衍生信念组成的。问问自己以下问题。

a. 它们是否现实可行？为什么？

b. 它们是否有意义？为什么？

c. 它们带来的结果是否有益？为什么？

假设不健康的信念如图 5—4 所示。

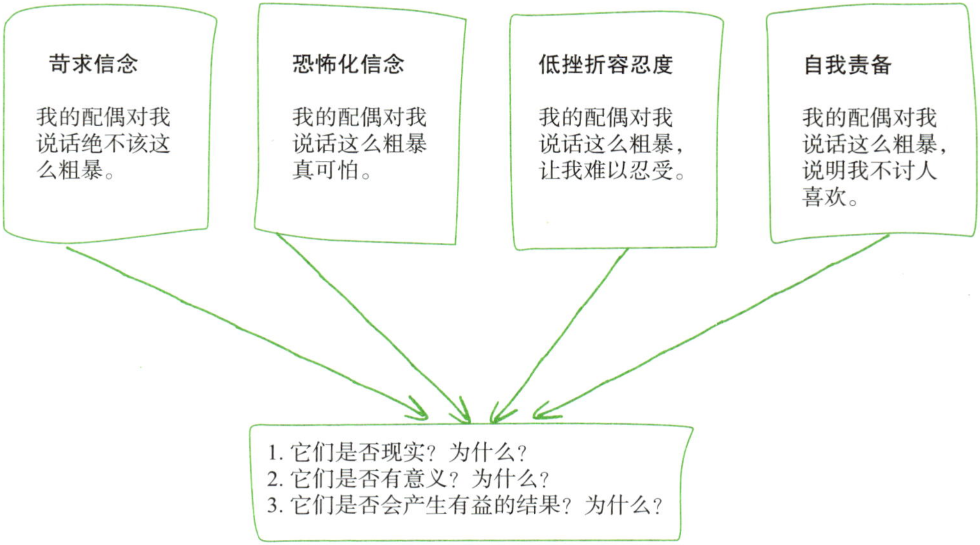

苛求信念	恐怖化信念	低挫折容忍度	自我责备
我的配偶对我说话绝不该这么粗暴。	我的配偶对我说话这么粗暴真可怕。	我的配偶对我说话这么粗暴，让我难以忍受。	我的配偶对我说话这么粗暴，说明我不讨人喜欢。

1. 它们是否现实？为什么？
2. 它们是否有意义？为什么？
3. 它们是否会产生有益的结果？为什么？

图 5—4　探讨引发伤心的不健康信念

接下来，继续探讨你的不健康的或健康的信念。

步骤三

识别引发失望的健康信念

a 以偏好信念取代苛求，将不健康的信念转化成健康的信念。

b. 时刻否定自己的不健康要求。例如，"我喜欢朋友对我很尊重，但这并不意味着朋友一定要这样对我。"

c. 识别衍生信念。（反恐怖化信念、高挫折容忍度、接纳自我／他人／世界的信念。）表 5—2 和表 5—3 可做参考。

d. 偏好信念较为灵活，合乎情理，结果往往有益。

表 5—2 　　　　　　　　　　　　　　不健康的信念实例

不健康的信念	恐怖化信念	低挫折容忍度	自责／责备他人
朋友和我说话时，绝对应该尊重我。不尊重我是可怕的，是不能容忍的，证明我一无是处。	√	√	√
我绝对应该是最先被考虑的，我不能忍受不被最先考虑，那意味着我不讨人喜欢。		√	√
我绝对不该让朋友感到失望，我无法忍受自己让朋友感到失望，那说明我一无所用。		√	√
他绝对不应该背叛我。背叛是可怕的，我无法忍受。遭到背叛说明我不讨人喜欢。	√	√	√

表 5—3 　　　　　　　　　　　　　　不健康的信念实例

健康的信念	反恐怖化信念	高挫折容忍度	指责自己／他人
我更愿意朋友和我说话时能尊重我，但这不意味着我必须得到尊重。未被尊重很糟糕，但是并不可怕；的确让我很难接受，但并非不可容忍，也不能说明我一无是处。我接纳自己。尽管对话中我未得到尊重，但我和其他任何人一样会犯错。	√	√	√

续前表

健康的信念	反恐怖化信念	高挫折容忍度	指责自己 / 他人
我更喜欢被优先考虑的，但却不是必须被优先考虑。不能被优先考虑会让我不舒服，但绝非不能忍受。它也不能证明我就不讨人喜欢。即使不被优先考虑，我也接纳自己，我就是个会犯错的人。		√	√
我不愿意让朋友感到失望，但这不意味着我一定不会让朋友失望。让朋友失望让我感到难过，但并非不可忍受，那也不能说明我一无所用。尽管会让朋友失望，但我接纳这样的自己。		√	√
我不想遭到背叛，但我接受被他背叛的事实。这不意味着我绝对不该被他背叛。遭到背叛让我很伤心，但并不可怕，也不能证明我不讨人喜欢。不管是否被人背叛，我都接纳自己。	√		√

接下来，用一种健康的方式改写你的信念。

步骤四

探讨？引发失♡望的健康信念

用讨论不健康信念的标准探讨你的健康信念，可以保证不偏不倚，也更能说服自己努力改变。

健康的信念是由偏好信念和三个衍生信念及其结合体构成的。根据图 5—5，问自己一些问题。

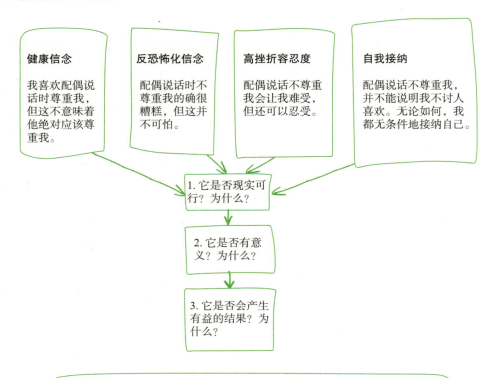

图 5—5　探讨引发内疚的健康的信念

接下来，探讨健康的信念及其衍生信念。

强化引发失♥望的健康信念
弱化引发伤💔心的不健康信念

要将引发伤心的信念转化为引发失望的健康信念，就要在思考问题时和健康的信念保持一致，行事时采取建设性的行动。下述内容呈现了失望的思维方式（认知结果）和行为倾向。可见，建设性的行动取决于失望的行为倾向。

- 反复要求自己遵循健康的信念方式思考、行动，直到情绪状态由伤心变为失望。
- 记住，伤心是会改变的——你采取的新思维方式和行动在开始时可能会让你感到不适应，这都是正常现象。你是在改变旧的不健康思维习惯和会让你产生罪恶感的行为，需要强迫自己反复练习几个星期。
- 你为自己设定的目标一定要具有挑战性，但是也不能遥不可及，否则难以实现目标。
- 设想类似场景，自己模拟如何以健康的信念的方式思考和行动，直到确定自己准备好了面对现实的挑战。例如，想象自己去请求原谅或改正错误就是个良好的开始，但是有时候你需要付诸实际行动。
- 每天，尤其是你要爆发时，在脑海里回放健康的信念。这种预演会让你在真正面对类似情景时，知道该如何去做。
- 一旦实现了心中的目标，要做的就是保持健康的思维和行为。这意味你要时刻牢记失望的思维方式。
- 回顾每次面对挑战时你是如何做的，是不是可以改进，做得更好。不要苛求完美。从伤心到失望的转变过程会让人不舒服，情绪不稳定。有时候，你进步神速，但有时候，你可能裹足不前，甚至退步。重要的是要认清事实，将注意力转移到你可以做什么上，然后坚持下去。
- 记住，你无法一夜间就学会开车、骑自行车或阅读，需要持之以恒地练习和不断付出。

应对伤心的技巧

下面列出了一些在所有关系中普遍有益的要点。

- 你要对自己的情绪和行为负责。

- 与人沟通时不要用手指着对方，或者喋喋不休。正确的表达应该是"我对于你……方式很失望"，而不是"你让我感到伤心"。

- 接受自己是一个有用的但却不完美的人，并认识到你的父母，你的兄弟姐妹、亲朋好友以及同事也是这样的人。要评价你被对待的方式，而非你自身的价值。

- 坚定自信，告诉他们你感到伤心，但不要停止与重要的人进行沟通。

- 正确传达你的思想和情感，而不是变得谨慎起来。坚定自信意味着你敢于直陈自己的信念，你可以倾听。

第6章

嫉妒是破坏生活乐趣的毒药

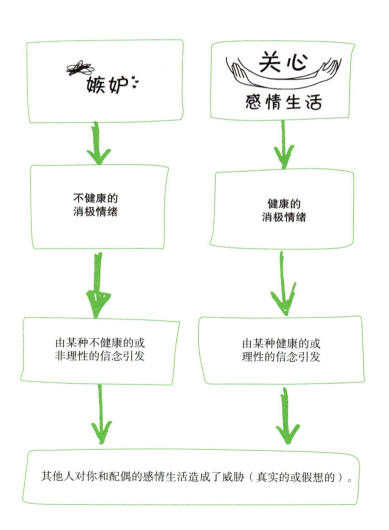

嫉妒涉及三个人，所以才有三角关系。嫉妒的一个特征就是，他人威胁到了你和配偶的关系。嫉妒（jealousy）和妒忌（envy）常常会被混淆。妒忌是因为某人拥有你渴望的某物，甚至是人。在这一章中，我们将会关注一些最常见的嫉妒导火索。

嫉妒

嫉妒是一种破坏性很强的情绪。它能导致攻击和暴行，甚至会致人不幸丧生。激情犯罪（crime of passion）通常都是由嫉妒之火点燃。当一个人"要求他人必须永远爱且只能爱他们"时，嫉妒能够激发极端的愤怒和敌意。

嫉妒会像病毒一样侵蚀两个人之间的关系。当你嫉妒时，你的行为举止会表现出占有欲，你会寻找并发现配偶不忠（或他的爱情趣味）的蛛丝马迹。嫉妒之所以具有破坏性，是因为不仅嫉妒者会感到痛苦和苦恼，其配偶也会感受到。

如果你感到嫉妒，你就很容易监视和检查你的配偶，如检查他的短消息、电子邮件、信件、须后水 / 香水、内衣物，你还会质问你的配偶，等等。你脑子中总是会想着配偶对你不忠，你总想知道是否他已经出轨或正在考虑出轨。对配偶的行为保持警觉，很可能让你大部分时间里也会有强烈的焦虑感。即使是当配偶陪伴在你左右时，你也会显得很警惕。当你们一起外出社交时，你会寻找威胁存在的迹象。甚至你们回到家时，你也会因此事而心身不宁；或者你也许会开始拷问或指责你的配偶。

嫉妒通常伴随着焦虑、愤怒和自怜自哀等其他消极情绪。如果在嫉妒时，你感受到了这些情绪，那么请参考与焦虑（第 1 章）、抑郁（第 2 章）和愤怒（第 3 章）相关章节的内容，也解决掉这些问题。

下面是一些典型的引发嫉妒的不健康信念。

- 如果我丈夫看了他不应该看的其他女人，这就意味着他觉得那个女人比我更有魅力。

这种事不可以发生，一旦发生了，就说明我一无是处。

- 我必须知道我丈夫对我而且永远只对我有兴趣。他开始对某人感兴趣的这个想法让我无法忍受，而且觉得很可怕。
- 我的配偶只可以被我吸引，不可以离开我，否则就说明我一无是处。
- 我的配偶只能爱我一个人，并且永远不能离开我，否则他和其他人一样都是一无是处的坏人。
- 我允许配偶发现其他人的魅力，但是他／她必须觉得我比其他任何人更有吸引力，否则我就是魅力不足，也不够好。
- 我必须是唯一一个我的配偶爱上的人，我不能忍受我不是他／她唯一的爱。

如果你嫉妒，也许是因为你拥有一个信念，即只有当你是你配偶关注的中心和爱恋的对象时，你才能感觉到自己的价值。这意味着你自身的价值取决于你的配偶对于你的思想、感情和行为。很不幸，这都超出了你的控制范围。你可以很在乎这些，但是不可以让自己的生活和价值感都依赖于此。

常见的嫉妒导火索

图 6—1 中列举了部分常见的嫉妒导火索，在你认为符合自己情况的选项前打勾。

☐ 看到你的配偶注意其他人	☐ 想象你的配偶正在注视其他人
☐ 配偶明显心不在焉	☐ 配偶不总是陪伴在你的左右
☐ 想象你的配偶和其他人在一起	☐ 想象你的配偶和其他人产生了情愫
☐ 将自己和其他同性的人相比较进行检查／评价	☐ 对其他同性成员的负面评价
☐ 想象你的配偶正打算因为其他人而离开你	☐ 听到你的配偶对他人作出了积极的评价
☐ 看见你的配偶看了其他人	☐ 看见你的配偶和某人说话
☐ 你配偶的前任	☐ 你配偶的旧爱
☐ 你配偶的朋友	☐ 你配偶的同事
☐ 其他（写出你自己的原因）	

图 6—1　常见的嫉妒导火索

我是嫉妒呢，还是关心我的感情生活

　　嫉妒的关键在于你的不健康苛求信念，你认为有人威胁到了你和配偶的感情生活。这种不健康的信念不仅会引发嫉妒，还会影响你的思考方式（认知结果）、行为或行为倾向。

　　例如，当你感到嫉妒时，你想的就是"我的配偶要为了别人离开我"，然后你可能会不断地反复地想要确信这一点。

　　浏览一下你的认知结果和行为倾向插图，弄清楚你到底是嫉妒还是关心你的感情生活。将你自己放在你感到嫉妒或有过嫉妒的触发情境中很重要。当你的嫉妒之心未被激发，或者当你远离威胁的时候，很容易认为你没有不健康的苛求信念。所以，假想一下你正处于水深火热之中，这只是打个比方，然后弄清你是嫉妒，还是关心你的感情生活。

认知结果

嫉妒

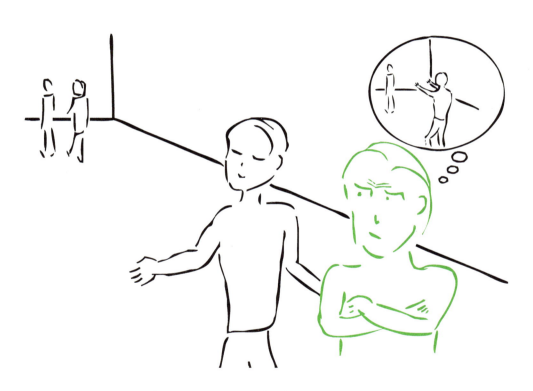

你总是无端看到对你感情生活的威胁。

认知结果

关心感情生活

你不会无中生有，看到对你感情生活的威胁。

认知结果

嫉妒

你认为你们的感情生活濒临险境。

认知结果

关心关情生活

你不认为你们的感情生活出现了危机。

认知结果

嫉妒

你很容易误认为你的配偶与异性的普通交谈含有

浪漫或性的暗示。

认知结果

关心感情生活

你不会认为你的配偶与异性的普通交谈中含有浪漫或性的暗示。

认知结果

嫉妒

你的脑海里会浮现出配偶出轨的画面。

认知结果

关心感情生活

你不会在脑海中虚构出配偶出轨的画面。

认知结果

嫉妒

如果你的配偶认为另一个人很有魅力，你就相信他认为这个人比你更能吸引他，
你相信你的配偶会为了她而抛弃你。

195

认知结果

关心感情生活

你不介意你的配偶认为其他人很有魅力，你不把这看作是一种危险。

行为 / 行为倾向

嫉妒

你反复不断地想要确信，你是被爱着的。

行为 / 行为倾向

关心感情生活

你允许配偶表达他的爱，无须反复确认他是否爱你。

行为 / 行为倾向

嫉妒

你监视配偶的反应和情绪。

行为 / 行为倾向

关心感情生活

你给配偶自由，不去监视他的情绪、行动以及行踪。

行为 / 行为倾向

嫉妒

你寻找你的配偶和他人在一起的证据。

行为 / 行为倾向

关心感情生活

你允许配偶表现出对他人的兴趣，而不去试探他。

行为 / 行为倾向

嫉妒

你试图限制配偶的行动或活动。

行为 / 行为倾向

关心感情生活

你不会限制配偶的行动或活动。

行为 / 行为倾向

嫉妒

测试

我进去后，我会坐在他身边，并亲吻他。他也会这么做吗？

你设置一些你的配偶不得不通过的试探。

行为 / 行为倾向

关心感情生活

你不会对配偶做出任何试探。

行为 / 行为倾向

嫉妒

你因为假想配偶已出轨而报复他。

行为 / 行为倾向

关心感情生活

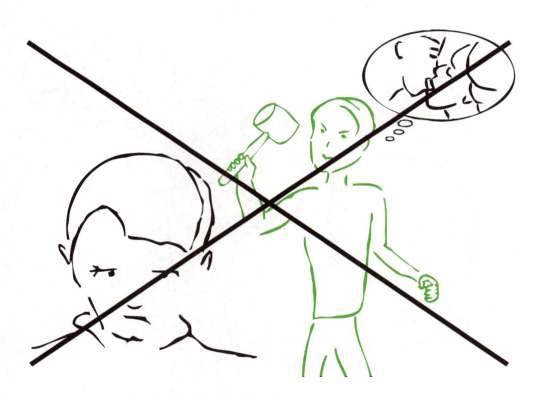

你不会因为假想配偶出轨了而实施报复他。

行为 / 行为倾向

嫉妒

你会生闷气。

行为 / 行为倾向

关心感情生活

你不会生闷气。

现在，你选择普通改变还是思维方式的改变

普通改变

步骤一：　选择一个最让你嫉妒的问题。

步骤二：　确定你的嫉妒认知结果和行为倾向，参考插图，用自己的话写下来。确保它们具体到你个人。

步骤三：　确定你的关心感情生活的认知结果和行为倾向，参考图解，用自己的话写下来。确保它们具体到你个人。

步骤四：　确保你的思想和行为符合健康的关心感情生活的认知结果和行为倾向。

步骤五：　敦促自己不断重复，直到新的思想和行为变成本能。

> 小贴士：
> 如果一开始就让行为符合健康的关心感情生活的方式较难的话，那么你可以用几周的时间来想象自己的行为方式很健康，然后再付诸实际。

思维方式的改变

记住，如果选择这种方式，那就千万不能心急，因为思维方式的改变就是要从长期改变你的不健康的信念。

步骤一：识别不健康的信念。

步骤二：探讨不健康的信念。

步骤三：识别健康的信念。

步骤四：探讨健康的信念。

步骤五：强化健康的信念，弱化不健康的信念。

记住，嫉妒是由一些不健康的信念引发的，这个不健康的信念就是你相信另外的某个人威胁到了你和配偶的关系。不健康的信念是由绝对主义的苛求信念组成，

以"应该"、"必须"、"需要"、"不得不"、"绝对应该"的形式出现，由此衍生了三种扭曲的信念，如图 6—2 所示。

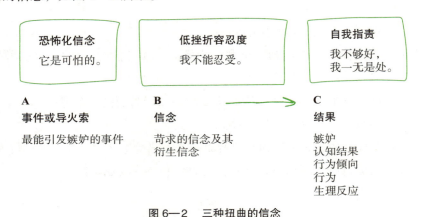

图 6—2　三种扭曲的信念

B 中不健康的苛求信念最能激发人的嫉妒之心。它要么要求"绝对应该"，要么要求"绝对不应该"。

例如，如果你嫉妒你的配偶以前的感情生活，那么你的苛求信念就可能是"我的配偶必须爱我多于爱其他人"，或者"我必须是他唯一爱着的那个人"。如果你嫉妒的是你的配偶因为他人而离开了你，那么你的苛求信念就可能是"我的配偶不可以因为他人而离开我"。当苛求信念未得到满足时，你就会产生三种衍生信念中的一种或者两种。图 6—3 列出了一些例子。

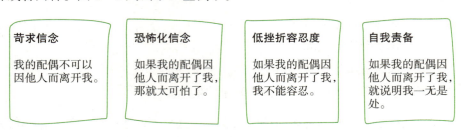

图 6—3　扭曲的信念举例

步骤一

识别引发 嫉妒的 不健康信念

a. 选择一个最会让你产生嫉妒的问题。

b. 利用常见的嫉妒导火索图（图 6—1），找到最让你嫉妒的事情。导火索可能不止一个，也就是说，引发嫉妒的不健康信念不止一个。每次改变一个不健康信念。

c. 以"绝对应该"的句式回答 b 的问题。

d. 识别三种衍生信念。（恐怖化信念、低挫折容忍度、自责信念，看看这些信念都意味着什么。）

这三种衍生信念可能同时存在两种或两种以上。

识别这些衍生信念时，设想自己处于将要嫉妒的情景中。表 6—1 列出了几个实例。

表 6—1 　　　　　　　　　识别引发罪恶感的不健康的信念举例

例子	恐怖化信念	低挫折容忍度	自责／责备他人
我的配偶必须爱我胜过爱他人，否则我就不能容忍。		√	
我的配偶不可以因为他人而离开我。他如这样做就是可怕的，不能容忍的，证明我一无是处。	√	√	√
我的配偶只可以对我有兴趣，否则就是可怕的，不能容忍的。	√	√	
我的配偶只能觉得我有魅力，否则就是可怕的，不能容忍的，证明我一无是处。	√	√	√

步骤二

探讨 ？ 引发 嫉妒的 不健康信念

运用下列三种标准，看看自己的不健康信念是否合理。记住，不健康信念是由苛求信念及其衍生信念组成的。问问自己以下问题。

a. 它们是否现实可行？为什么？

b. 它们是否有意义？为什么？

c. 它们带来的结果对我是有益还是无用？为什么？

假设不健康的信念如图 5—4 所示。

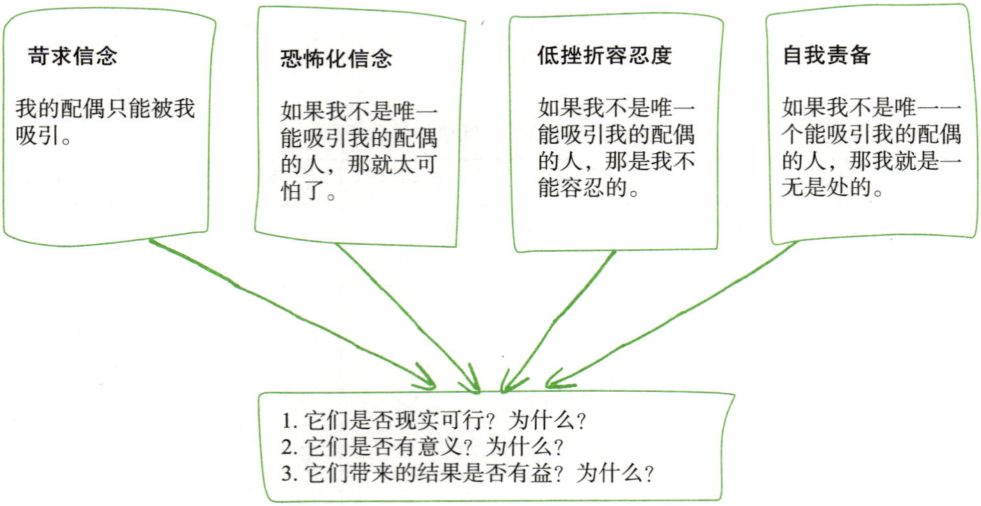

苛求信念	恐怖化信念	低挫折容忍度	自我责备
我的配偶只能被我吸引。	如果我不是唯一能吸引我的配偶的人，那就太可怕了。	如果我不是唯一能吸引我的配偶的人，那是我不能容忍的。	如果我不是唯一一个能吸引我的配偶的人，那我就是一无是处的。

1. 它们是否现实可行？为什么？
2. 它们是否有意义？为什么？
3. 它们带来的结果是否有益？为什么？

接下来，继续探讨你的不健康的或健康的信念。

步骤三

a. 以偏好信念取代苛求，将不健康的信念转化成健康的信念。

b. 时刻否定自己的不健康要求。例如，"我更喜欢成为那个唯一能吸引我配偶的人，但不是绝对要这样。"

c. 识别衍生信念。(反恐怖化信念、高挫折容忍度、接纳自我 / 他人 / 世界的信念。) 表 6—2 和表 6—3 可做参考。

d. 偏好信念较为灵活，合乎情理，结果往往有益。

表 6—2 　　　　　　　　　　　　不健康的信念实例

不健康的信念	恐怖化信念	低挫折容忍度	自责 / 责备他人
我的配偶爱我必须胜过爱其他人，否则我不能忍受。		√	
我的配偶不可以因为他人而离开我，否则就是可怕的，不能容忍的，证明我一无是处。	√	√	√
我的配偶必须只能对我有兴趣。如果不是，就是可怕的，不能容忍的。	√	√	√
我的配偶必须只能觉得我有魅力。如果不是，就是可怕的，不能容忍的，证明我一无是处。			√

表 6—3   健康的信念实例

健康信念	反恐怖化信念	高挫折容忍度	指责自己 / 他人
我喜欢配偶爱我胜过爱他人，但不意味必须是这样。如果不是，虽然我会难过，但是可以忍受。		✓	
我不想配偶因为他人而离开我，但是这不意味着他绝对不可以这样做。如果他这样做，我的确会很难过，但我会面对现实。他这样做意味着我毫无价值。我会犯错。我无条件接纳自己。		✓	✓
我更想他只对我感兴趣，但是不意味着他绝对只可以对我有兴趣。如果他转而对其他人产生了兴趣，这的确很糟糕，但对我而言，这不是世界末日。我会很难过，但会继续走下去。	✓	✓	
我想要我的配偶只被我吸引，但是他意味着他必须只被我吸引。如果不是，就很糟糕，但并不可怕。我会难过，但是会面对现实。它不意味着我一无所用。我会犯错。我无条件接纳自己。	✓	✓	✓

接下来，以一种健康的方式改写你的信念。

步骤四

探讨？引发 关心 感情生活的 健康信念

用讨论不健康信念的标准探讨你的健康信念，可以保证不偏不倚，也更能说服自己努力改变。

健康的信念是由偏好信念和三个衍生信念及其结合体构成的。根据图 6—5，问自己一些问题。

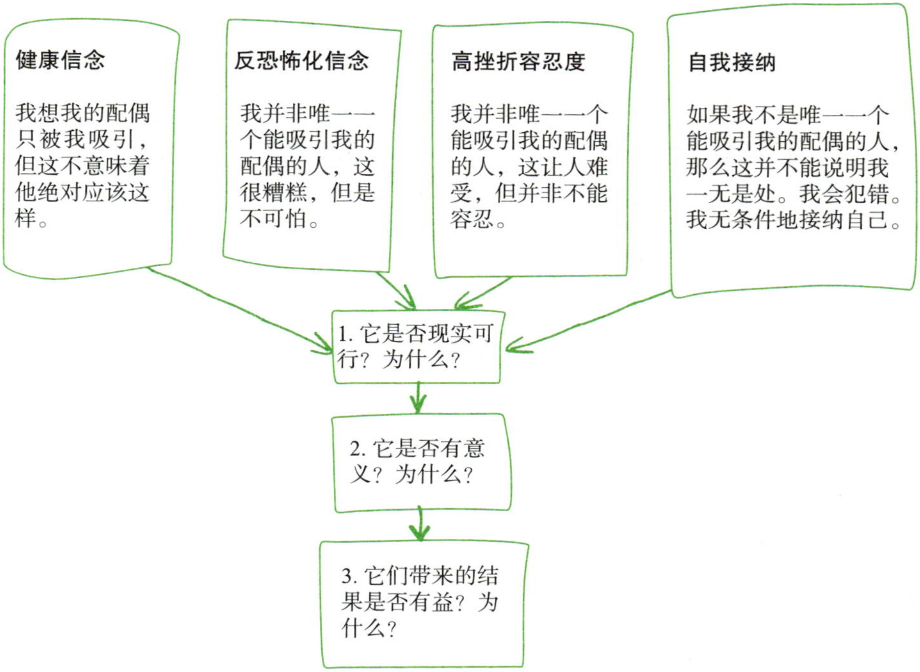

健康信念

我想我的配偶只被我吸引，但这不意味着他绝对应该这样。

反恐怖化信念

我并非唯一一个能吸引我的配偶的人，这很糟糕，但是不可怕。

高挫折容忍度

我并非唯一一个能吸引我的配偶的人，这让人难受，但并非不能容忍。

自我接纳

如果我不是唯一一个能吸引我的配偶的人，那么这并不能说明我一无是处。我会犯错。我无条件地接纳自己。

1. 它是否现实可行？为什么？

2. 它是否有意义？为什么？

3. 它们带来的结果是否有益？为什么？

小贴士：
记住，反恐怖化信念认为并不存在100%的坏事，因为事情永远没有人们想象的那么糟糕。

小贴士：
高挫折容忍度信念意味着你尚未崩溃。

小贴士：
接纳自我或他人不应该基于某些条件。人类本身并不完美。

图6—5　探讨引发内疚的健康信念

接下来，探讨健康的信念及其衍生信念。

步骤五

强化引发 关心 感情生活的 健康信念

弱化引发 嫉妒的 不健康信念

　　要将引发嫉妒的信念转化为引发关心感情生活的健康信念，就要在思考问题时遵循健康的信念，行事时采取有建设性的行动。下述内容呈现了关心感情生活的思维方式（认知结果）和行为倾向。可见，有建设性的行动取决于关心感情生活的行为倾向。

- 反复要求自己遵循健康信念的方式思考、行动，直到你的情绪状态由嫉妒变为关心感情生活。

- 记住，嫉妒是会改变的——你采取的新思维方式和行动在开始时可能会让你感到不适应，这都是正常现象。你在改变旧的不健康思维习惯和会让你产生罪恶感的行为，需要敦促自己反复练习几个星期。

- 你为自己设定的目标一定要具有挑战性，但是也不能太遥不可及，否则难以实现目标。

- 设想类似场景，自己模拟如何以健康信念的方式思考和行动，直到确定自己准备好了面对现实的挑战。例如，想象自己去请求原谅或改正错误就是个良好的开始，但是有时候你需要付诸实际行动。

- 每天，尤其是你要爆发时，在脑海里回放健康的信念。这种预演会让你在真正面对类似情景时，知道该如何去做。

- 一旦实现了心中的目标，要做的就是保持健康的思维和行为。这意味你要时刻牢记关心情感生活的思维方式。

- 回顾每次面对挑战时你是如何做的，是不是可以改进，做得更好。不要苛求完美。从嫉妒到关心感情生活的转变过程会让人不舒服，情绪不稳定。有时候，你进步神速，但有时候，你可能裹足不前，甚至退步。重要的是，你要认清事实，将注意力转移到你可以做什么上，然后坚持下去。

- 记住，你无法一夜间就学会开车、骑自行车或阅读，需要持之以恒地练习和不断地付出。

应对嫉妒的技巧

- 意识到诸如"如何让配偶对你痴心不改"的建议都是不健康或者不现实的。

- 接受你能控制的事情，也接受那些你无法驾驭的事情。你可以决定自己相信什么，做什么，但是你无法控制伴侣的思想和情感，不能左右其想法和做法。

- 无条件接纳自我。你的价值不依赖于任何人和任何事。

- 参与让你愉悦的活动，培养属于自己的生活乐趣，而不是活在配偶的世界里。

第7章

让你羞愧的是信念，而非行为

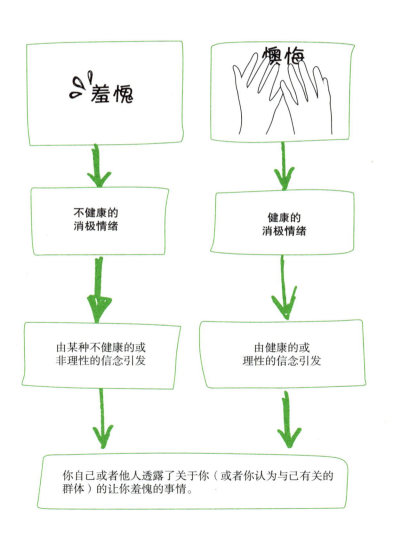

羞愧和尴尬

当众出丑时，常常会让人感到羞愧和尴尬。当你将自身的价值感与他人的负面评价联系起来时，这一不健康的信念就会引发羞愧和尴尬。当你在社交中失态或失礼时，你会发现自己认同他人对你行为的评价。这一不好的信念常常会以如下方式表现出来。

"（无论我发生什么不好的事情），其他人都不可以对我不满。如果他们不满了，并认为我懦弱、笨拙、无能，是个失败者，是个一无是处的人，等等，那他们就是对的。"有些人会把真实的或自认的社交中的指责视为世界末日，或是无法容忍的事情。不过，几乎所有这样的人都有过自我贬低的信念。

羞愧和尴尬会引发一些不同的生理反应和行为，如脸红、困惑、向下看、手足无措、低头、咬嘴唇或舌头、苦笑、坐立不安、一时语塞或者大脑一片空白。

羞愧与尴尬的不同之处

羞愧和尴尬可由同一件事情引起，即"我的一些负面情况暴露了出来"。二者的不同之处在于，对你来说，让你羞愧的事情要远比让你尴尬的事情严重得多。这是主观感受，但是我们都知道把哪些事情评为令人尴尬的，给哪些事情贴上令人羞愧的标签。

人们认为，在英语中，羞愧（shame）一词的词根源于一个含义为遮蔽（cover）的古单词。这样看来，羞愧的字面义或者比喻义就是"遮住自己"（covering oneself）。即使事情并未明确指向个人，而只是指向与个人有关的团体时，人们也会觉得尴尬和羞愧。例如，在某些文化或者那个文化中的一些家族中，人们认为他们必须严格遵守既定的行为规范和准则。破坏这些行为规范和准则会引发攻击性的或危险的反应，有时甚至会发生谋杀事件。一个人的可耻行为被认为会使其他人因此而蒙羞，同样让人避之惟恐不及。结果，认为某人是导致问题罪魁祸首的不好信念将直接激发气愤与狂怒的情绪。引发羞愧感，继而让人气愤的并非做出可耻行为的那个人，而是他人关于此人及其行为的不健康信念。

羞愧与罪恶感

羞愧与罪恶感经常被人们误解，或者被认为是一样的。引发羞愧的信念核心在于其他人的不满，而引发罪恶感的信念焦点则是因为破坏了道德规范，而对自我行为感到不满。

羞愧和尴尬的元情绪

元情绪就是与情绪问题有关的情绪问题。例如，你因羞愧而羞愧，因羞愧而抑郁，因羞愧而愤怒，等等。你可以通过问自己"我对羞愧和尴尬的感觉是什么"，弄清你是否存在羞愧和尴尬的元情绪。

如果你存在羞愧和尴尬感的元情绪，那么参考与这些情绪相关章节的内容，处理一下这些情绪。

常见的羞愧和尴尬的导火索

图 7—1 中列举了一部分常见的让人羞愧和尴尬的导火索，标出符合你的情况的选项。

我感到羞愧和尴尬，还是懊悔

在社交场合中，不受欢迎的行为会招致负面评价和拒绝，而他人因这些行为对你的指责会让你感到羞愧 / 尴尬，这正是羞愧 / 尴尬的核心所在。引发羞愧 / 尴尬的不好信念会影响到你的思考方式（认知结果）、行为或行为倾向。

当你感到羞愧 / 尴尬时，例如，你满脑子想的都是其他人如何评价你，认为你能力不足，而且你认为他人对你的认识是正确的，此时你要防止自己陷入那种情境，尽力摆脱那群人。检查你的认知结果和行为倾向，评估你是否感到羞愧和尴尬或者懊悔。

浏览以下插图，弄清你是否感到羞愧和尴尬或者懊悔。当你感到不愉快时，将自己置身于触发情境中很重要。当你的情绪未被触发或者当你远离触发情境时，你很容易认为自己没有不健康信念。想象自己身处触发情境中，弄清那种不适是否就是羞愧／尴尬或者懊悔。

☐ 焦虑	☐ 遭到拒绝
☐ 表现出任何焦虑的症状	☐ 被人嘲笑
☐ 脸红	☐ 被人调侃
☐ 浑身冒汗	☐ 遭到批评
☐ 结巴	☐ 行事愚蠢
☐ 忘记某事	☐ 被解雇
☐ 犯错	☐ 不顾及他人
☐ 被问到某事时答不上来	☐ 被打败
☐ 头脑空白	☐ 失败
☐ 在公共场合弄脏衣物	☐ 与众不同
☐ 在公共场合弄湿衣物	☐ 有精神或情绪问题
☐ 焦虑或惊恐发作	☐ 做了手术
☐ 失控	☐ 生病／当众呕吐
☐ 烦闷或气愤	☐ 丧失某种能力
☐ 情绪化	☐ 缺乏某种能力
☐ 行事冲动	☐ 外貌
☐ 要求配偶回应更为亲密	☐ 身材和身形
☐ 为了显得亲密而靠近配偶	☐ 身体某部位
☐ 与配偶谈论性	☐ 性表现
☐ 谈论性	☐ 性欲
☐ 性取向	☐ 当众昏厥
☐ 性快感	☐ 其他（写出你自己的原因）

图 7—1　常见的羞愧和尴尬导火索

认知结果

羞愧 / 尴尬

你对于揭露的事情感到过于羞愧。

认知结果

懊悔

在一种富于同情、接受自我的背景下，你看到了那件被揭露的事情。

认知结果

羞愧 / 尴尬

你高估了那群评价者关注事情或者对事情感兴趣的可能性。

认知结果

懊悔

对于那群评价者关注事情或者对事情感兴趣的可能性，你的认识很现实。

认知结果

羞愧 / 尴尬

你高估了他人对你的不满。

认知结果

懊悔

你知道他人对你不满的实际程度。

认知结果

羞愧 / 尴尬

你高估了他人对你的不满持续的时间。

认知结果

懊悔

关于他人对你的不满持续的时间，你有实际的认知。

行为 / 行为倾向

羞愧 / 尴尬

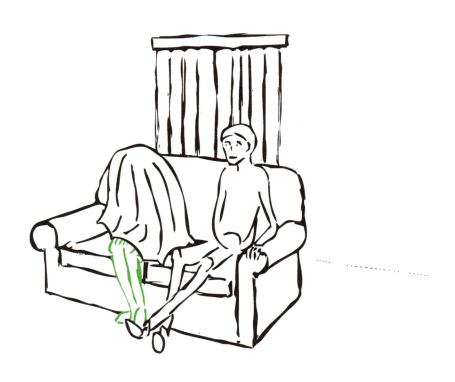

你躲避他人的注视。

认知结果

懊悔

你依然积极进行社交。

行为 / 行为倾向

羞愧 / 尴尬

你远离他人，孤独自处。

行为 / 行为倾向

懊悔

你对他人的试探做出回应，以便让人际交往更加和谐。

行为 / 行为倾向

羞愧 / 尴尬

你攻击羞辱你的人，以此挽回颜面。

行为 / 行为倾向

懊悔

你不会为了挽回颜面而攻击他人。

行为 / 行为倾向

羞愧 / 尴尬

受到威胁时，你显出自卫的姿态保护自己。

行为 / 行为倾向

懊悔

你没去保护自尊，因为它没有被威胁到。

行为 / 行为倾向

羞愧 / 尴尬

你无视他人为让人际交往和谐所做出的努力。

行为 / 行为倾向

羞愧 / 尴尬

你接受他人为让人际交往和谐所做出的努力。

现在，你选择普通改变还是思维方式的改变

普通改变

步骤一：选择一个最让你羞愧 / 尴尬的问题。

步骤二：确定你的羞愧 / 尴尬认知结果和行为倾向，参考插图，用自己的话写下来。确保它们具体到你个人。

步骤三：确定你的懊悔认知结果和行为倾向，参考插图，用自己的话写下来。确保它们具体到你个人。

步骤四：确保你的思想和行为符合健康的懊悔认知结果和行为倾向。

步骤五：敦促自己不断重复练习，直到新的思想和行为变成你的本能。

> **小贴士：**
> 如果一开始就让行为符合健康的懊悔的方式比较难的话，那么你可以用几周的时间来想象自己的行为方式很健康，然后再付诸实际。

思维方式的改变

记住，如果选择这种方式，那就千万不能心急，因为思维方式的改变就是要长期改变你的不健康信念。

步骤一：识别不健康的信念。

步骤二：探讨不健康的信念。

步骤三：识别健康的信念。

步骤四：探讨健康的信念。

步骤五：强化健康的信念，弱化不健康的信念。

记住，在人际交往中的不当行为可能会招致负面评价和拒绝，你关于他人责备你的不健康信念,可能会引发羞愧/尴尬。不健康的信念由绝对主义的苛求信念组成，

以"应该"、"必须"、"需要"、"不得不"、"绝对应该"的形式出现，由此衍生了三
种扭曲的信念，如图 7—2 所示。

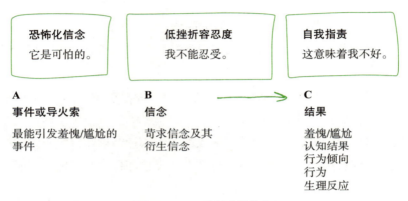

图 7—2 　三种扭曲的信念

B 中的苛求信念最能激发人的羞愧 / 尴尬的情绪。这一苛求就是"其他人不可
以因为你被揭露的事情而对你不满"。例如，如果最让你羞愧的事情是你的家人发
现你偷偷地大吃大喝，那么你的苛求信念就是"我的家人不可以因为我偷偷地大吃
大喝而责备我"。

当苛求信念未得到满足时，就会产生三种衍生信念中的一种或者两种。图 7—3
为一个例子。

苛求信念

如果我的家人发现我偷偷地大吃大喝，他们不可以责备我。

恐怖化信念

如果他们责备我，那是很可怕的。

低挫折容忍度

如果他们那么做，就是不能容忍的。

自我责备

如果他们这么做，就说明我是一个让人讨厌的人。

图 7—3 　扭曲的信念举例

步骤一

探讨引发羞愧的不健康信念

a. 选择一个最让你羞愧／尴尬的问题。

b. 利用常见的羞愧／尴尬导火索图（图 7—1），找到最让你羞愧／尴尬的事情。导火索可能不止一个，也就是说，引发羞愧／尴尬的不健康的信念不止一个。每次改变一个不健康的信念。

c. 以"绝对应该"的句式回答 b 的问题。

d. 识别三种衍生信念。（恐怖化信念、低挫折容忍度、自责信念，看看这些信念都意味着什么。）

这三种衍生信念可能同时存在两种或两种以上。识别这些衍生信念时，设想自己处于即将感到羞愧／尴尬的情境中。表 7—1 为几个实例。

表 7—1　　　　　　　　识别引发罪恶感的不健康的信念举例

例子	恐怖化信念	低挫折容忍度	自责／责备他人
我不能因为脸红就被人认为是软弱的，被人认为软弱是可怕的，不能容忍的，说明我就是软弱的。	√	√	√
我不可以因为演讲时一直冒汗，就被同事认为是无足轻重的人。被人认为无足轻重说明我不重要。			√
我的配偶不可以因为我想要谈论性就认为我不正常。被认为不正常是我不能容忍的。		√	
我的家人不可以因为我偷偷地大吃大喝就认为我是个讨厌的人。如果他们认为我讨厌，就是可怕的、不能容忍的，说明我就是令人讨厌的。	√	√	√

步骤二

探讨引发羞愧的不健康信念

a. 它们是否现实可行？为什么？

b. 它们是否有意义？为什么？

c. 它们是否会产生有益的结果？为什么？

假设不健康的信念如图 7—4 所示。

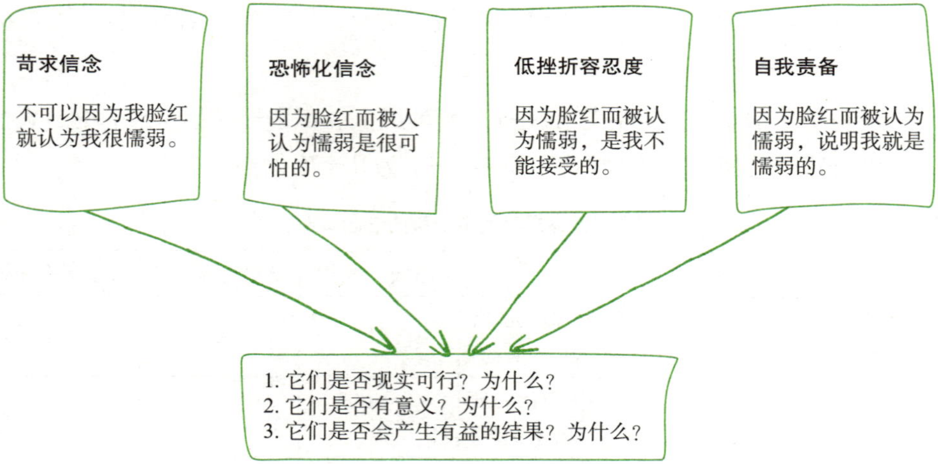

苛求信念

不可以因为我脸红就认为我很懦弱。

恐怖化信念

因为脸红而被人认为懦弱是很可怕的。

低挫折容忍度

因为脸红而被认为懦弱，是我不能接受的。

自我责备

因为脸红而被认为懦弱，说明我就是懦弱的。

1. 它们是否现实可行？为什么？
2. 它们是否有意义？为什么？
3. 它们是否会产生有益的结果？为什么？

图 7—4　探讨引发羞愧的不健康信念实例

步骤三

a 以偏好信念取代苛求，将不健康信念转化成健康信念。

b. 时刻否定自己的不健康要求。例如，"我希望人们不要因为我脸红了就认为我是懦弱的，但并不是他们绝对不可以这么认为。"

c. 识别衍生信念。(反恐怖化信念、高挫折容忍度、接纳自我／他人／世界的信念。) 表 7—2 和表 7—3 可做参考。

d. 偏好信念较为灵活，合乎情理，结果往往有益。

表 7—2　　　　　　　　　　　不健康的信念实例

不健康的信念	恐怖化信念	低挫折容忍度	自责／责备他人
不可以因为我脸红了就认为我懦弱。被认为懦弱是可怕的，不能忍受的，证明我就是懦弱的。	√	√	√
不能因为我演讲的时候冒汗同事就认为我是个无足轻重的人。被认为无足轻重证明我就是无足轻重。			√
我的配偶不能因为我想谈论性就认为我不正常。被认为不正常让人难以忍受。	√	√	√
我的家人不能因为发现我偷偷大吃大喝就认为我很讨厌。被他们认为讨厌是可怕的，不能容忍的，证明我就是个让人讨厌的人。		√	

表 7—3　　　　　　　　　　　健康的信念举例

健康的信念	反恐怖化信念	高挫折容忍度	指责自己 / 他人
我希望人们不会因为我脸红了就认为我软弱，但这不意味着他们绝对不能这么想。被认为软弱很糟糕，但是并不可怕；的确让人难过，但并非不能忍受。我接纳自己，不在乎他人的评价。	√	√	√
我希望同事不要因为我演讲中冒汗就认为我是个无足轻重的人，但这不意味着他们绝对不能这么想。他们这么想并不意味着我就是个不重要的人。我会犯错，我无条件接纳自己。			√
我希望我的伴侣不会因为我想谈论性而认为我不正常。如果她这么认为，会让我难过，但并非不能容忍。	√	√	√
我希望我的家人不会因为我偷偷大吃大喝就认为我很讨厌，但是不意味着他们不可以这么想。他们这么想很糟糕，但是不可怕；的确让人难过，但并非不可容忍。被认为讨厌不意味着我就是个讨厌的人。我是个会犯错的人，我无条件接纳自己。		√	

接下来，以一种健康的方式改写你的信念。

步骤四

用讨论不健康信念的标准探讨你的健康信念，可以保证不偏不倚，也更能说服自己努力改变。

健康的信念是由偏好信念和三个衍生信念及其结合体构成的。根据图 7—5，问自己一些问题。

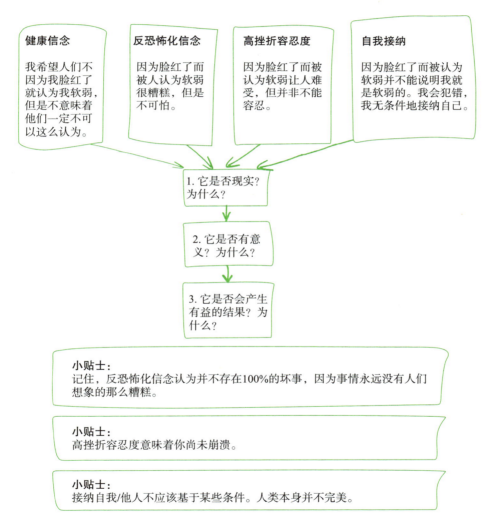

健康信念

我希望人们不因为我脸红了就认为我软弱，但是不意味着他们一定不可以这么认为。

反恐怖化信念

因为脸红了而被人认为软弱很糟糕，但是不可怕。

高挫折容忍度

因为脸红了而被认为软弱让人难受，但并非不能容忍。

自我接纳

因为脸红了而被认为软弱并不能说明我就是软弱的。我会犯错，我无条件地接纳自己。

1. 它是否现实？为什么？

2. 它是否有意义？为什么？

3. 它是否会产生有益的结果？为什么？

小贴士：
记住，反恐怖化信念认为并不存在100%的坏事，因为事情永远没有人们想象的那么糟糕。

小贴士：
高挫折容忍度意味着你尚未崩溃。

小贴士：
接纳自我/他人不应该基于某些条件。人类本身并不完美。

图 7—5　探讨引发懊悔的健康的信念

接下来，探讨健康的信念及其衍生信念。

步骤五

要将引发愧疚的信念转化为引发懊悔的健康信念，就要在思考问题时遵循健康的信念，行事时采取有建设性的行动。下述内容呈现了懊悔的思维方式（认知结果）和行为倾向。可见，有建设性的行动取决于懊悔的行为倾向。

- 敦促求自己以健康的方式思考、行动，直到情绪状态由羞愧变为懊悔。
- 记住，羞愧／尴尬是会改变的——你采取的新思维方式和行动在开始时可能会让你感到不适应，这都是正常现象。你在改变旧的不健康思维习惯和让你感到羞愧／尴尬的行为，需要敦促自己反复练习几个星期。
- 目标一定要具有挑战性，但是不能遥不可及，否则难以实现。
- 设想类似场景，自己模拟如何以健康信念的方式思考和行动，直到确定自己准备好了面对现实的挑战。例如，想象自己去请求原谅或改正错误就是个良好的开始，但是有时候你需要付诸实际行动。
- 每天，尤其是你要爆发时，在脑海里回放健康的信念。这种预演会让你在真正面对类似情景时，知道该如何去做。
- 一旦实现了心中的目标，要做的就是保持健康的思维和行为。这意味你要时刻牢记懊悔的思维方式。
- 回顾每次面对挑战时你是如何做的，是不是可以改进，做得更好。不要苛求完美。从羞愧／尴尬到懊悔的转变过程会让人不舒服，情绪不稳定。有时候，你进步神速，但有时候，你可能裹足不前，甚至退步。重要的是要认清事实，将注意力转移到你可以做什么上，然后坚持下去。

- 记住，你无法一夜间就学会开车、骑自行车或阅读，需要持之以恒地练习和不断付出。

应对羞愧的技巧

羞愧攻击训练

如果你真的想摆脱羞愧／尴尬的魔爪，就要认识到自己是个会犯错的人，学会无条件地接纳自己，不在乎其他人的不满，这就是羞愧攻击（shame attack）。羞愧攻击训练需要你做一些会让你感到羞愧或者尴尬的事情，然后再以健康的信念来思考。以下就是两个关于羞愧攻击训练的例子。

案例 1

某人一想到在拥挤的车厢中昏厥就会感到焦虑，因为害怕其他人会认为他"很奇怪，不正常"，这会让他感到尴尬。羞愧攻击训练需要他在拥挤的车厢中躺倒在地，假装昏厥，同时默念"我希望人们不要因为我昏厥而认为我不正常，但他们也可以这么想。这不意味着我不正常。我无条件地接纳自己"。这个训练他反复做了几次。他最终认识到，对于他的状况，有人会作出评价，有人会漠不关心，还有一些人则会表现得很关心。

案例 2

某人一想到在公众场合呕吐就感到焦虑。他担心其他人会因此讨厌自己，这会让他感到非常尴尬。在羞愧攻击训练中，他坐在公交车上，假装往购物袋里呕吐。他说有些人避开了，有些人漠不关心，有几个人则过来看他是否还好。训练时，他一直都在默念健康信念。

第8章

让他人的生活成为对你有益的提醒

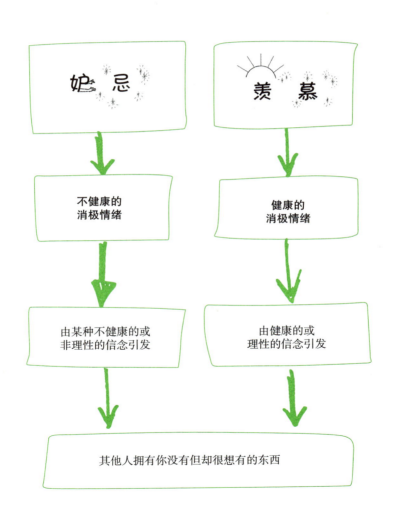

妒忌往往涉及对他人或其他群体的美貌、财富、能力或者社会经济地位的渴望。在历史上，妒忌是七宗罪[1]之一。当你的所有物遭他人妒忌时，妒忌也常常被称为"罪恶之眼"（evil eye）。托马斯·阿奎那（Thomas Aquinas）[2]写道："慈善机构因我们邻居的善行而喜悦，妒忌却因此悲伤。"

妒忌

妒忌相当常见，常常被忽视或者误诊。妒忌（envy）常被误认为是嫉妒（jealousy）。妒忌与嫉妒并不一样。嫉妒（第 6 章讨论过）的起因是你和伴侣的关系遭到来自他人的威胁，妒忌则是因为某人拥有你渴望得到的人或物。羡慕可能被认为有益，因为它促使你意识到了你想要什么。它还可以激发强烈的愿望、动力，促使你实现目标。然而，当羡慕以不健康的面目示人时，它就是具有破坏性、限制性的，可以摧毁幸福，引发其他不健康的消极情绪，如愤怒、焦虑、沮丧和羞愧。

妒忌是由不好的信念激发的。典型的妒忌激发信念如下："我的朋友有家庭，有孩子，而且我们年龄相当。我必须拥有我的朋友所拥有的一切，我无法忍受自己没有，那是可怕的。比起拥有我朋友拥有的一切，我的匮乏将降低我的价值感。"

由于我们频繁用自我挫败的方式将自己与他人做比较，因此，妒忌常常会导致人低估自己和使人产生挫折感。

我们发现，当你的一位同事获得了你想获得的东西，或者当某人怀孕生了孩子，开始了一段恋爱关系，或者有了你想要的那种伴侣或生活时，你经常会感到妒忌。当拥有让人艳羡的优越条件的那个人与你较为相似时，这一点会更为明显。当比较的是你很看重的方面时，你更可能会产生妒忌之心。例如，如果你对体育感兴趣，

---

[1] 七宗罪，对人类恶行的分类，由 13 世纪道明会神父托马斯·阿奎纳列举出各种恶行的表现，分别是傲慢、妒忌、暴怒、懒惰、贪婪、贪食及色欲。——编者注

[2] 托马斯·阿奎纳（约 1225 年—1274 年），中世纪经院哲学的哲学家和神学家。他是自然神学最早的提倡者之一，也是托马斯哲学学派的创立者。其著作有《神学大全》（Summa Theologica）等。——编者注

那么你更可能会妒忌最优秀的足球联赛运动员，而不是才华横溢的小提琴家。

妒忌是一种对身心有害的破坏性情绪。当你妒忌时，你很容易产生敌意、感到愤怒。你也不会因你的积极品质和你所处的环境而满怀感恩之情。

妒忌的目标

我们可能妒忌他人的：

- 财产
- 生活方式
- 资历
- 相貌
- 成功
- 感情生活
- 名望

这个单子可以列得无限长。

羞愧和妒忌

妒忌常常会带来羞愧。很少有人承认自己会产生妒忌。如果你正在羞愧 / 尴尬当中，那么你也许需要解决你的不健康情感，就像对付羞愧的情感一样。你关于自身暴露出的消极面和因此得到的负面评价的不健康信念会引发羞愧，在这里就是妒忌。例如，"我不应当感到妒忌或者让别人看出我妒忌。如果别人知道我妒忌，他们就会认为我是个坏人，我觉得他们是对的，因为妒忌就是坏人的一个标志。"如果你对于妒忌的情绪感到羞愧，那么请参考第 7 章的内容。

常见的妒忌导火索

图 8—1 列举了一部分常见的妒忌导火索，标出符合你的情况的选项。

☐ 外貌	☐ 年龄
☐ 青春	☐ 金钱
☐ 生活方式	☐ 生育力
☐ 感情生活	☐ 财务状况
☐ 学术成就或地位	☐ 成功
☐ 财富	☐ 声望
☐ 才能	☐ 家庭
☐ 团体	☐ 文化
☐ 财产	☐ 友谊
☐ 智力	☐ 职业
☐ 幸福	☐ 幸运
☐ 其他（写出你自己的原因）	

图 8—1　常见的妒忌导火索

我到底是羡慕还是妒忌

妒忌的核心在于，他人拥有你没有但却渴望拥有的东西。这种不健康的信念不仅会引发妒忌，还会影响到你的思考（认知结果）和行为或者行为倾向。行为常常会体现出你的行为倾向。当你感到妒忌时，你也许在想"这不公平"，或者"为什么我不应当拥有那些"，又或者"为什么他们会拥有那么多"。

检查你的认知结果和行为倾向，看看你是羡慕还是妒忌。浏览以下关于认知结果和行为倾向的插图，弄清你是羡慕还是妒忌。当你感到妒忌时，将自己置身于触发情境中很重要。当你的妒忌未被触发或者当你远离触发情境时，你很容易认为自己没有不健康的信念。所以，打个比方，想象一下你自己处于水深火热当中，然后弄清那种情绪是羡慕，还是不健康的妒忌。

认知结果

妒忌

你会故意贬低想要得到的物品的价值。

认知结果

羡慕

你诚实地告诉自己想要某物。

认知结果

妒忌

你试图使自己相信，你对所拥有的东西感到满意（尽管你并不满意）。

认知结果

羡慕

当你对自己的东西不满意时，你不会试图使自己相信你是满意的。

认知结果

妒忌

你在考虑如何才能得到想要的东西，却忽视了这个东西对你的用处。

认知结果

羡慕

你在考虑如何得到想要的东西，而且你得到它有正当的理由。

认知结果

妒忌

你在想如何从他人那儿夺取你想要的东西。

认知结果

羡慕

你能够容忍他人享有你渴望的东西，而不会去贬低那个人或那件物品。

行为 / 行为倾向

妒忌

你口头轻视拥有你渴望之物的那个人。

行为/行为倾向

羡慕

如果那个东西真的是你想要的，你就会买。

行为 / 行为倾向

妒忌

你嘴上贬低想要的东西。

行为 / 行为倾向

羡慕

你不会故意贬低想要的东西。

行为 / 行为倾向

妒忌

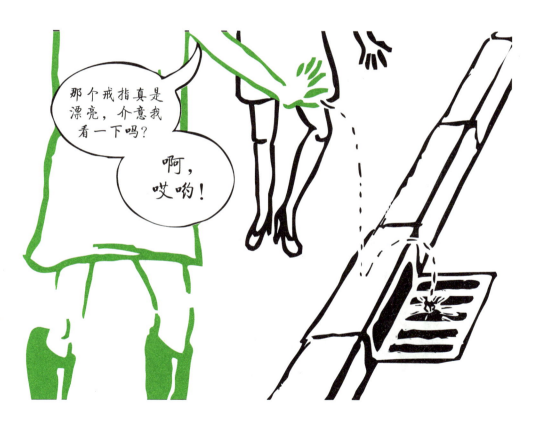

你从他人那里拿走了你渴望拥有的东西。（你不是想据为己有，
就是想让他人也不再拥有。）

行为 / 行为倾向

羡慕

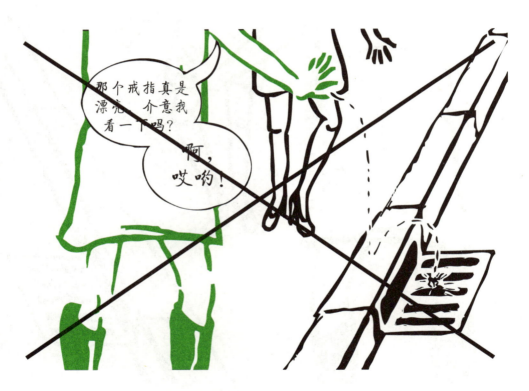

你不会从他人那里拿走你渴望拥有的东西。

行为 / 行为倾向

妒忌

你抢夺或毁坏了你想要的东西，使得别人也不再拥有它。

行为 / 行为倾向

羡慕

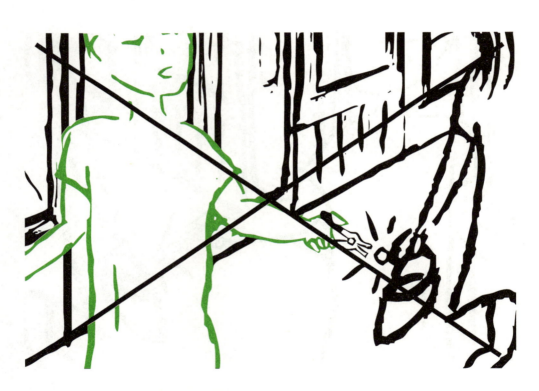

你不会抢夺或毁坏你想要的东西，使得别人也不再拥有它。

现在，你选择普通改变还是思维方式的改变

普通改变

步骤一：选择一个最让你妒忌的问题。

步骤二：识别妒忌带来的认知结果和行为倾向，参考插图，用自己的话写下来。确保它们具体到你个人。

步骤三：找到妒忌带来的认知结果和行为倾向，参考插图，用自己的话写下来。确保它们具体到你个人。

步骤四：确保你的思想和行为符合羡慕带来的认知结果和行为倾向。

步骤五：敦促自己不断重复，直到新思想和行为变成你的本能。

> **小贴士：**
> 如果一开始就让行为符合健康的羡慕的方式比较难的话，那么你可以用几周的时间来想象自己的行为方式很健康，然后再付诸实际。

思维方式的改变

记住，如果选择这种方式，那就千万不能心急，因为思维方式的改变就是要长期改变你的不健康信念。

步骤一：识别不健康的信念。

步骤二：探讨不健康的信念。

步骤三：识别健康的信念。

步骤四：探讨健康的信念。

步骤五：强化健康的信念，弱化不健康的信念。

记住，妒忌是由他人拥有你渴望但却没有的东西的不健康信念引发的。不健康信念是由绝对主义的苛求信念组成，以"应该"、"必须"、"需要"、"不得不"、"绝

273

对应该"的形式出现，由此衍生了三种扭曲的信念，如图 8—2 所示。

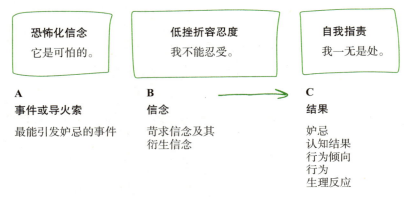

图 8—2　三种扭曲的信念

B 中的苛求信念最能激发人的妒忌感。这一苛求就是"一定要拥有其他人拥有的东西"。

例如，如果你最妒忌朋友的生活方式，那么你的苛求信念就是"我必须过上朋友那样的生活"。当你的苛求未被满足时，就会产生三种衍生信念中的一种或者任意两种。图 8—3 给出了一些例子。

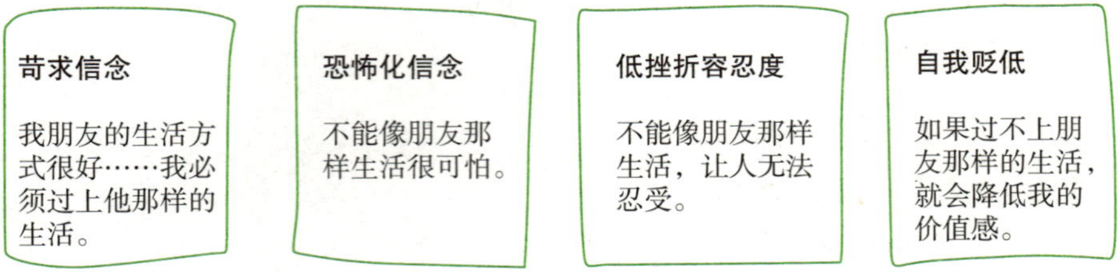

苛求信念

我朋友的生活方式很好……我必须过上他那样的生活。

恐怖化信念

不能像朋友那样生活很可怕。

低挫折容忍度

不能像朋友那样生活，让人无法忍受。

自我贬低

如果过不上朋友那样的生活，就会降低我的价值感。

图 8—3　扭曲信念的实例

步骤一

识别引发妒忌的不健康信念

a. 选择一个最让你妒忌的问题。

b. 利用常见的妒忌导火索图（图 8—1），找到最让你妒忌的事情。导火索可能不止一个，也就是说，引发妒忌的不健康信念不止一个。每次改变一个不健康的信念。

c. 以"绝对应该"的句式回答 b 的问题。

d. 识别三种衍生信念。（恐怖化信念、低挫折容忍度、自责信念，看看这些信念都意味着什么。）

这三种衍生信念可能同时存在两种或两种以上。识别衍生信念时，记得假想自己身处触发情境中。表 8—1 就是一个实例。

表 8—1　　　　　　　　　识别引发妒忌的不健康信念实例

例子	恐怖化信念	低挫折容忍度	自责 / 责备他人
我的朋友有家，有孩子，且我们年龄相仿。我必须拥有朋友拥有的一切。如果没有，我不能容忍，而且让我觉得可怕。如果没有，就会降低我的价值感。	√	√	√
我的同事刚被提拔了。我必须得到他拥有的一切，我不能接受我没有。		√	
我堂姐怀孕了，我也要和她一样怀孕生孩子。不能像她一样怀孕让我觉得可怕，难以忍受。	√	√	
我爱人事业有成，我必须像他一样成功。不能和他一样拥有成功的事业，会让我觉得自己没有那么有价值。			√

步骤二

探讨?引发妒忌的不健康信念

运用下列三种标准，看看自己的不健康信念是否合理。记住，不健康信念是由苛求信念及其衍生信念组成的。问问自己以下问题。

a. 它们是否现实可行？为什么？

b. 它们是否有意义？为什么？

c. 它们是否会带来有益的结果？为什么？

假设不健康的信念如图 8—4 所示。

苛求信念

我的朋友有家有孩子，且我们年龄相仿。我必须拥有我的朋友拥有的一切。

恐怖化信念

我没有朋友拥有的一切是可怕的。

低挫折容忍度

我不能忍受没有我朋友拥有的一切。

自我贬低

如果我没有朋友拥有的一切，我会觉得自己没那么有价值。

1. 它们是否现实可行？为什么？
2. 它们是否有意义？为什么？
3. 它们是否会产生有益的结果？为什么？

图 8—4　探讨引发妒忌的不健康信念实例

接下来，继续探讨你的不健康的或健康的信念。

步骤三

识别引发 羡 慕 的健康信念

a. 以偏好信念取代苛求，将不健康的信念转化成健康的信念。

b. 时刻否定自己的不健康要求。例如，"我想拥有朋友拥有的东西，但绝对不是一定要有不可。"

c. 识别衍生信念。（反恐怖化信念、高挫折容忍度、接纳自我 / 他人 / 世界的信念。）表 8—2 和表 8—3 可做参考。

d. 偏好信念较为灵活，合乎情理，结果往往有益。

表 8—2   不健康的信念举例

不健康的信念	恐怖化信念	低挫折容忍度	自责 / 责备他人
我的朋友有家有孩子，且我们年龄相仿。我必须拥有朋友拥有的一切，否则就是不能容忍的，是可怕的。相比拥有他拥有的一切，没有会降低我的价值感。	√	√	√
我的同事刚被提拔。我必须拥有他拥有的一切；我不能接受我没有。		√	
我的堂姐怀孕了。我必须像她一样怀孕，否则就是可怕的，不能忍受的。	√	√	
我的爱人事业有成。我必须像他一样；如果不能像他一样，就说明我不是那么有价值。			√

表 8—3　　　　　　　　　　健康的信念举例

健康的信念	反恐怖化信念	高挫折容忍度	指责自己 / 他人
我的朋友有家有孩子，且我们年龄相仿。我想要有他拥有的一切，但不是必须有。没有会让我感到沮丧，但是不会觉得难以忍受；这种感觉的确糟糕，但是并不可怕，也不会让我觉得价值感降低。无论如何，我都是有价值的。	√	√	√
我的同事刚被提升。我想要他拥有的，但是不意味着我必须得到。尽管没有是糟糕的，但我可以接受。		√	
我的堂姐怀孕了。我也想像她一样，但不是绝对的。不能像堂姐一样怀孕很糟糕，但不可怕；让人难过，但并非不可忍受。	√	√	
我的爱人事业有成。我想要和他一样成功，但不是必须的；不成功也不能说明我就没有价值了。无论如何，我都是有价值的。			√

接下来，以一种健康的方式改写你的信念。

步骤四

探讨引发羡慕的信念

　　用讨论不健康信念的标准探讨你的健康信念，可以保证不偏不倚，也更能说服自己努力改变。

　　健康的信念是由偏好信念和三个衍生信念及其结合体构成的。根据图 8—5，问自己一些问题。

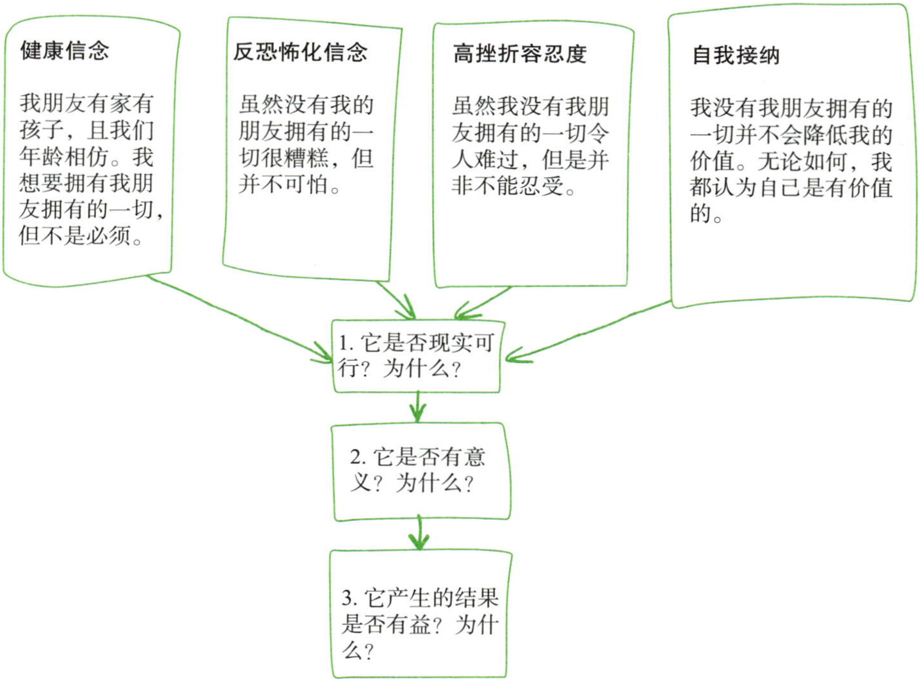

健康信念

我朋友有家有孩子，且我们年龄相仿。我想要拥有我朋友拥有的一切，但不是必须。

反恐怖化信念

虽然没有我的朋友拥有的一切很糟糕，但并不可怕。

高挫折容忍度

虽然我没有我朋友拥有的一切令人难过，但是并非不能忍受。

自我接纳

我没有我朋友拥有的一切并不会降低我的价值。无论如何，我都认为自己是有价值的。

1. 它是否现实可行？为什么？

2. 它是否有意义？为什么？

3. 它产生的结果是否有益？为什么？

小贴士：
记住，反恐怖化信念认为并不存在100%的坏事，因为事情永远没有人们想象的那么糟糕。

小贴士：
高挫折容忍度信念意味着你尚未崩溃。

小贴士：
接纳自我/他人不应基于某些条件。人类本身并不完美。

图 8—5 探讨引发羡慕的健康信念

接下来，探讨健康的信念及其衍生信念。

步骤五

强化引发 羡 慕 的健康信念

弱化引发 妒 忌 的不健康信念

要将引发妒忌的信念转化为引发羡慕的健康信念，就要在思考问题时遵循健康的信念，行事时采取有建设性的行动。下述内容呈现了羡慕的思维方式（认知结果）和行为倾向。可见，有建设性的行动取决于羡慕的行为倾向。

- 反复要求自己遵循健康信念的方式思考、行动，直到情绪状态由妒忌变为羡慕。
- 记住，妒忌是会改变的——你采取的新思维方式和行动在开始时可能会让你感到不适应，这都是正常现象。你在改变旧的不健康的思维习惯和会让你感到妒忌的行为，需要强迫自己反复练习几个星期。
- 你为自己设定的目标一定要具有挑战性，但是也不能遥不可及，否则很难实现目标。
- 设想类似场景，自己模拟如何以健康信念的方式思考和行动，直到确定自己准备好了面对现实的挑战。例如，想象自己去请求原谅或改正错误就是个良好的开始，但是有时候你需要付诸实际行动。
- 每天，尤其是你要爆发时，在脑海里回放健康的信念。这种预演会让你在真正面对类似情景时，知道该如何去做。
- 一旦实现了心中的目标，要做的就是保持健康的思维和行为。这意味你要时刻牢记羡慕的思维方式。
- 回顾每次面对挑战时你是如何做的，是不是可以改进，做得更好。不要苛求完美。从妒忌到羡慕的转变过程会让人不舒服，情绪不稳定。有时候，你进步神速，但有时候，你可能裹足不前，甚至退步。重要的是认清事实，将注意力转移到你可以做什么上，然后坚持下去。

- 记住，你无法一夜间就学会开车、骑自行车或阅读，需要持之以恒地练习和不断付出。

应对妒忌的技巧

- 自我认识：检测一下你的想法，看你是否会感到羡慕或妒忌。如果你发现它们正在触发妒忌，提醒自己这些想法对你的生活是多么地没有益处，而且正在伤害你的生活。你越想试图捕捉或修正你的想法，你就越容易保持羡慕的状态。

- 越来越具有自我意识，能注意到自己的行为，并进行纠正。

- 自己想被如何对待，就要如何对待他人。记住，不要阻止自己去羡慕他人。

- 花时间设定目标，制定属于自己的愿望，让他人的生活以一种有益的、让你羡慕的方式对你起到提醒的作用。

结语
关于认知行为疗法的理论观点

本书开头，我们提到了两位 CBT 的先驱，阿尔伯特·艾利斯和阿伦·贝克。现在我们要分别简单介绍一下以这两位心理学家为首的认知行为疗法的两个主要学派。这两个学派都有科学的理论，也有已经被验证的结构框架和治疗过程。

艾利斯模型

理性情绪行为疗法（Rational Emotive Behaviour Therapy，REBT）由阿尔伯特·艾利斯创立于 1955 年，属于出现时间最早的认知行为疗法。鉴于艾利斯模型坚定的人本主义理论和哲学基础，本书主要选用这一模型。

本书涉及的理性情绪行为疗法可被概念化为下面的 ABC 示意图，如图 F—1 所示。其中所列并非事件，而是你关于处在情绪状态核心处的事件的信念或者观点。

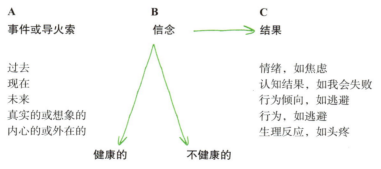

图 F—1　认知行为疗法，事件，信仰，结果示意图

艾利斯的理性情绪行为疗法致力于帮助人们：

1. 理解自己的情绪、行为和目标。
2. 识别自己的蓄意破坏幸福和目标的不健康的或者有害的信念。
3. 挑战不健康的信念，代之以更健康的信念。通过不断采取的积极行动，使内心变得平静，并最终获得幸福。

理性情绪行为疗法能够帮助我们完全面对自己的烦恼，而不是通过转移注意力或者逃避烦恼，从而培养复原力，使我们接纳自我。这会带来一个强大的哲学性转变，使我们可以注意到自己的欲望、需求和愿望，而不会对自身的过去、现在和未来的挫折感到心神不安。我们学会了将挫折和失败看作是暂时的东西，而非人生或者灵魂的毁灭，同时保持了积极性，并关注我们的欲望和目标。

贝克模型

贝克的模型被称为认知疗法（Cognitive Therapy, CT）。它认为情绪和行为受到思考方式和对于世界认知的影响。来自个人经验的理解和设想常常与现实世界相冲突。贝克鼓励他的病人关注自己的"自动化思维"（automatic thoughts）。

它帮助人们测试他们的设想和世界观，旨在检验他们是否比较现实。当人们了解到自己的信念或理解扭曲或有害时，就会着手纠正这些信念。

艾利斯模型和贝克模型的不同之处

两个模型彼此相互影响。实践中，这两派的观点可酌情运用，帮助人们获得成功的结果。然而，它们又各具特色。二者的主要区别在于测试假设和哲学基础。

测试假设

在艾利斯的模型中，假设对人们的设想是真的，不直接被放到现实中测试。在贝克的模型中，首先要对人们设想的有效性进行测试。原因在于，理性情绪行为疗法宣称人们的设想是其拥有不健康的信念所致，所以这些设想被认为是真的，以便直接识别不健康的信念。

是治标不治本，还是普遍哲学

贝克的模型基于治疗病症。尽管理性情绪行为疗法也治疗病症，但其目的在于通过深入改变关于自身、他人和世界的核心信念，引导深层次的思维方式的改变，带来全新的人生观。

然而，理性情绪行为疗法的缺点可能在于，有些人也许不喜欢它那种直接的方式。贝克的模型更为谨慎，目标在于做一些改进，使人回到正常的功能，学会消除症状或者管理症状。从负面来说，当未来面对不同问题时，这一方式未能为人们提供简单的哲学观和自我治疗的工具。

译者后记

　　我一向对心理学的东西比较感兴趣，因为我觉得这类东西可以自助。看心理学方面的书，可以了解一些心理学方面的知识，或许还能解决自我心理上的一些问题。所以，能翻译这本书让我感到很兴奋，一方面认知行为疗法是唯一循证的心理咨询治疗方法，是非常有影响力的主流治疗学派；另一方面，我觉得可以一边翻译，一边自我治疗，同时也可助人，何乐而不为呢？

　　本书的每一章中，作者都列出了正负两种情绪，告诉我们这两种情绪为什么会出现，分别对应怎样的信念，如何能够将负面的情绪转化成为正面的情绪，从而让生活变得积极健康起来。本书的两位作者都是经验丰富的心理咨询师，他们将自己丰富的临床经验浓缩于书中，最妙的是，以插图的形式表现出来，深入浅出，真的让人感觉人生的幸福就是一念间的事情。往左边想，你会纠结痛苦，寝食难安；往右边想，又会觉得海阔天空，豁然开朗。往前边走，你可能深陷泥淖；退后一步，也许就绝处逢生。

　　翻译中，我不时会感觉到自身存在的问题，好在作者追根溯源，让我能很快看到这一问题的本质和解决方案，免了我的思索烦恼之苦。翻译完一本书，整个人都觉得很轻松。一个人的情绪往往不是由人或事情决定的，而是由自己关于此人此事的看法决定的。如果能够改变自己的一些不好的看法，不良的情绪必会大大地减少。相信每位读者都能从本书中有所获益。

　　本书翻译中，得到了很多朋友的帮助。李晓飞、王立军、刘珺、郭松文承担了本书部分章节的校译工作，在此一并致谢。

陈艳

图书在版编目（CIP）数据

幸福就在转念间：CBT 情绪控制术：图解版 /（英）约瑟夫，（英）查普曼著；陈艳译 .
—北京：中国人民大学出版社，2014.1
　　ISBN 978 -7 -300 -18692 -4

Ⅰ .①幸…　Ⅱ .①约…②查…③陈…　Ⅲ .①情绪 – 自我控制 – 图解 Ⅳ .① B842.6 – 64

中国版本图书馆 CIP 数据核字（2014）第 011365 号

幸福就在转念间：CBT 情绪控制术（图解版）

［英］　阿维·约瑟夫
　　　　玛吉·查普曼　著

　　陈　艳　译

Xingfu Jiuzai ZhuannianJian：CBT Qingxu Kongzhishu(Tujieban)

出版发行	中国人民大学出版社	
社　　址	北京中关村大街31号	**邮政编码**　100080
电　　话	010-62511242（总编室）	010-62511398（质管部）
	010-82501766（邮购部）	010-62514148（门市部）
	010-62515195（发行公司）	010-62515275（盗版举报）
网　　址	http://www.crup.com.cn	
	http://www.ttrnet.com（人大教研网）	
经　　销	新华书店	
印　　刷	天津中印联印务有限公司	
规　　格	190 mm × 210 mm　24 开本	**版　　次**　2014年2月第1版
印　　张	12.25　插页1	**印　　次**　2024年6月第9次印刷
字　　数	228 000	**定　　价**　59.00 元